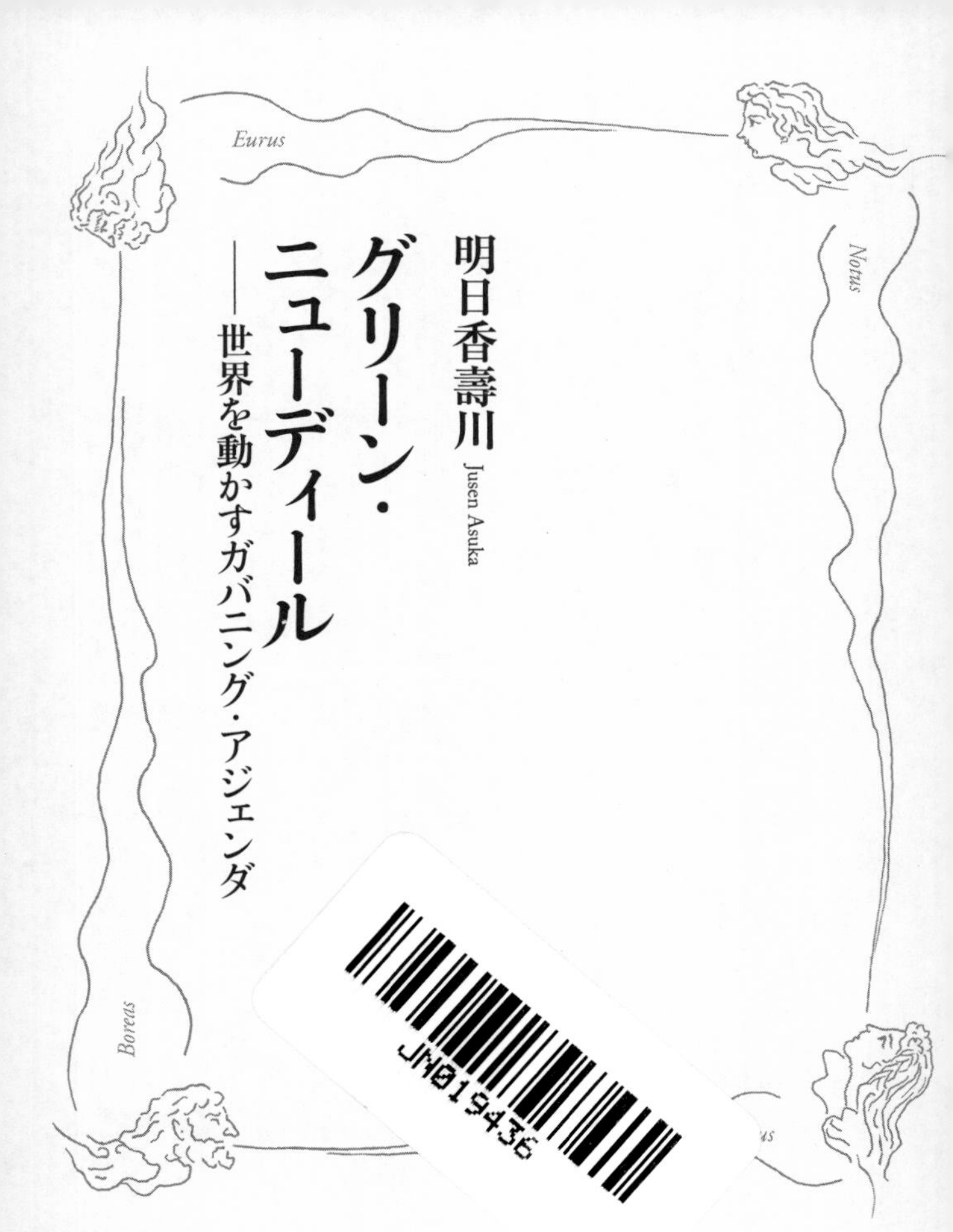

グリーン・ニューディール

——世界を動かすガバニング・アジェンダ

明日香壽川
Jusen Asuka

岩波新書
1882

目次

序章　コロナ禍からの回復——環境も経済も正義も……1

気候変動が新型コロナを生んだ⁉　2／コロナ禍と気候変動問題との相似性　3／グリーン・リカバリーとグリーン・ニューディール　5／環境も経済も　7／ジャスティス(正義)　10／社会システム全体のチェンジ　11／豊かさと幸せと平和をもたらすニューノーマルをめざして　15

第1章　科学から政治へ……17

ノーマルになった異常気象　18／気候危機宣言　20／シリア難民と温暖化　22／イベント・アトリビューション　25／IPCCに対する誤解　27／消えない温暖化懐疑論　29／そもそも二℃目標とは？　34／一・五℃目標のカーボン・バジェットが意味するもの　36

第2章　政治への期待と幻滅……43

京都議定書を殺した日本　44／パリ協定——妥協の産物　48／米国議会承認という人質　52／幻に終わった日本の温室効果ガス排出削減目標　54／グレタの怒り　58／子どもたちだけでなく　60／立法や行政に対する幻滅　62／日本での石炭火力差止め訴訟　67／仙台での判決の問題点　69

第3章　エネルギー革命に乗ろうとしない日本……73

再エネ発展の歴史　74／最も安い発電エネルギー技術に　76／無視される省エネ　81／新しい社会のかたちと取り残される日本　84／容量市場というブレーキ　88／石炭・原発に執着する理由　91／原発は温暖化対策というフェイク　96／英国家監査局の原発補助金批判　99／日本は核兵器を作れるか　103／日本は核兵器を作る意思があるか　106／何がフェイクか　108

第4章　グリーン・ニューディールの考え方および具体的内容……113

サンライズ・ムーブメント　114／グリーン・ニューディールの誕生　116／第二波の特徴　119／オカシオ＝コルテスとサンダース　122／バイデンのグリー

目　次

ン・ニューディール　128／EUグリーン・ニューディール　135／中国のグリーン・リカバリー　139／中国の目標は実現可能か？　142／韓国ニューディール　146／各国のグリーン・ニューディールの共通点　150

第5章　日本版グリーン・ニューディール……155

2050年カーボンニュートラルのためのロードマップ　156／GR戦略の数値目標と効果　158／現行政府案との比較　159／GR戦略の経済合理性　167／既存技術のみで九三％CO_2削減が可能　169／大気汚染による早期死亡の回避　171／電力価格は安くなる　173／電力需給バランス（安定供給）の検証　175／雇用の公正な転換　179／財源をどうするか　184

第6章　グリーン・ニューディールの課題……191

グリーン・ニューディール世代　192／多くて、曖昧なアジェンダ　194／過激すぎるアクション？　ゆるすぎる組織？　196／具体的な政策の策定　199／財源問題——緊縮か反緊縮か、税金か赤字財政支出か　205／排出量取引制度に対する誤解　208／国際交渉は変わるか　211／先進国の途上国支援義務条項　214／中国と米国の交渉スタンス　218／国際交渉の構造的な問題　221／ビジネスは変わるか　223／残存者利益戦略　227／資本主義と気候変動　229／「脱成長コミュニズム」が気候変動を解決するか？　231／議論のさらなる活性化を　236

終章　現世代と未来世代の豊かさと幸せをめざして……239
人間の本質は気候変動対策をしない？　240／新自由主義者による再編成　242／ゆっくり勝つことは負けること　248／「未来のために」の制度化　251

あとがき　257

主要参考文献

序章

コロナ禍からの回復

——環境も経済も正義も

気候変動が新型コロナを生んだ!?

新型コロナウイルスによるパンデミックで、多くの人が精神的に、そして経済的にも大きな不安の中で生きている。

コロナについてはすでに多くのことが語られている。原因に関しては、エボラ出血熱やSARS（重症急性呼吸器症候群）と同様に、コウモリなどの動物から人に感染したことはほぼ間違いないと思われる。そして、人間の様々な活動や、それがもたらした気候変動によって、森林などで生きていたウイルスが動物を介して人間と出会う機会が多くなったのもほぼ事実であろう。

筆者は、今は大学でエネルギー・温暖化問題の科学・技術や政治経済的な側面を研究している。しかし、大学院生博士課程の途中まで農学部の農芸化学科の微生物利用学研究室というところで、微生物や植物の細胞を培養するようなことをやっていた。留学先のスイスのダボスにある実験外科医学研究所では、動物の免疫反応に関する研究をしていた。

微生物と人間との関係では、かつて大学の授業で「人間は世界に存在する微生物の一％も知らない」と先生が言っていたのを思い出す。その先生は、発酵などで人間が利用できる微生物について話をしていた。しかし、（人間にとって）悪い微生物もたくさんいる。そして、厄介なことに、微生物、特にウイルスの遺伝子はどんどん変異していく。

コロナ禍がここまで広がった理由としては、人口増加とグローバリゼーションによる人の移動の拡大も大きい。これまで多くのウイルスは、人と共に一カ所に留まっていた。しかし、そのような状況が人間社会のダイナミックな変化によって大きく変わった。本書の主題の一つである気候変動に関連づけて言うと、気候変動対策に懐疑的あるいは否定的な人たちは、「過去にも気候変動があった。ゆえに、今の気候変動も問題ではない」と言う。前者は確かに正しい。しかし、過去の気候変動のスピードは、今起きている気候変動のスピードの数分の一である。そして、何よりも、過去には地球に住む人の数が圧倒的に少なく、かつ海面上昇で影響を受ける沿岸部に人口が集中することなどもなかった。すなわち、人類に対する影響という意味では、過去の気候変動と今の気候変動との比較はまったく意味がない。地球よりも人間の方が数や生活形態という意味で著しく変化している。

コロナ禍と気候変動問題との相似性

さらに、気候変動と新型コロナとの関係という意味では、その政治社会的な相似性の方がより大きな問題だ。

第一に、科学の政治化がある。すなわち、「政治家が科学者の意見を聞かない」「政治家が聞かないから、国民も聞かない」「自分の意見と違うことを言う科学者は政治的に偏向しているとして排除する」などの状況が、多くの国で見られる。言うまでもなく、極端なのがトランプ前大統領時の米国やボルソナーロ大統領のブラジルだ。直截的に言えば、気候変動もコロナも「フェイク」と断定し、ホワイトハウスのホームページから気候変動という言葉をすべて削除させたトランプ前米大統領にとって、科学的な事実などどうでも良いのだろう。残念ながら、日本も決して例外ではなく、政治家が自分の意見に沿わない科学者を排除するという意味では、二〇二〇年に話題になった日本学術会議の会員任命問題も同根と言える。

第二に、リスクに対する考え方である。すなわち、コロナに感染して何らかの被害を受けるという可能性があるとしても、不確実性が伴うものであれば、自分は感染しないと勝手に考えて、その大きさを無視する。すなわち、リスクとして考えない。これは、まさに多くの人が持つ気候変動問題に対するリスク認識と同じである。

第三に、筆者が最も重要だと思うのは、加害者意識や責任の欠如だ。少なからぬ人が、コロナに関して、自分が感染源になり、パンデミックの原因となるとは考えない。ゆえに責任感もない。気候変動問題も同じで、自分が出した二酸化炭素(CO$_2$)などの温室効果ガスが他の人や未来世代に甚大な被害を与えるとは多くの人が考えない。人が死ぬという意味では、コロナによるパンデミックでは誰もが殺人者になる可能性があり、気候変動の場合は、すでに殺人者になっていると言える。しかし、多くの人はそのような認識を持たない(他人に被害を与えても気にしない人も少なからずいる)。

こういう状況の中で、科学の正当性や対策の必要性を、説得力をもって説明するのは簡単ではない。特に、トランプ前米大統領のように、アメリカファーストあるいは自分ファーストで、はなから聞く気がない人を説得するのは現実的にはきわめて難しい。

グリーン・リカバリーとグリーン・ニューディール

そうは言っても、多くの人がコロナ禍からの早急な回復を願っているのは確かであろう。そして、少なからぬ人が、ただ単純に昔に戻るのではなく、昔より良い社会を作ろうと考えている。その一つのキーワードが、グリーン・リカバリー(緑の復興)であり、「新型コロナウイルスの感染拡大がもたらした経済停滞からの復興を、気候変動対策と共に進める」というような意味合いで使われている。

このグリーン・リカバリーという言葉は、二〇二〇年四月頃から、欧米の研究者や国際機関が使い始めた。彼らの念頭にあったのは、二〇〇八年のリーマン・ショックの際のブラウン・リカバリーだ。すなわち、二〇〇九年に世界の温室効果ガス排出量は一%減少したにもかかわらず、二〇一〇年には四・五％増加し、その後の五年間は年平均二・四％の増加であった。つまり景気回復策によって温室効果ガス排出はリバウンドしてしまった。

今回のコロナ禍で、国際エネルギー機関（ＩＥＡ）によると、二〇二〇年の世界全体の温室効果ガス排出は五・八％減少した。一方、国際通貨基金（ＩＭＦ）は二〇二〇年一〇月に改定した世界経済見通し（ＷＥＯ）で二〇二〇年を四・四％のマイナス成長と予測し、国際労働機関（ＩＬＯ）は、二〇二〇年四月に世界の労働者の約半数にあたる一六億人が生計を失う危機にさらされていると報告した。したがって、雇用創出や景気回復を達成しつつ、温室効果ガス排出のリバウンドも防ぎ、気候変動やパンデミックのような危機に対して強靭性（レジリエンス）を持つ社会も作るというのがグリーン・リカバリーの狙いだ。

実は、コロナの前から、グリーン・リカバリーのベースとなる考え方はあった。それはグリーン成長（Green Growth）であり、数年前からは本書のタイトルであるグリーン・ニューディール（Green New Deal）が研究者や政治家によく使われている。たとえば、二〇一九年二月、米国の最年少下院議員であるアレクサンドリア・オカシオ＝コルテスらは、まさにグリーン・ニューディールという名前の決議案を下院に提出している。この決議案は、再生可能エネルギー（以下、再エネ）関連インフラへの投資を拡大し、化石燃料に依存する経済社会システムの転換をめざしたもので、雇用や格差などの社会問題とも連繫させている（第4章で詳述）。

第四六代の米国大統領になったバイデン元副大統領も、大統領に当選する前から彼のグリーン・ニューディール案を明らかにしている。その柱は、①二〇五〇年に国全体の温室効果ガス排出実質ゼロ、②二〇三五年に電力分野の温室効果ガス排出実質ゼロ、③四年間で二兆ドル(約二二〇兆円)の投資による雇用創出および環境正義(Environmental Justice、後述)の達成、の三つだ。民主党が下院のみならず上院でも多数派となったため、バイデンのエネルギー・気候変動政策チームは、インフラ投資計画(八年間で二兆ドル)や二〇三〇年の温室効果ガス排出削減数値目標引き上げ(二〇三〇年に二〇〇五年比で五〇〜五二%削減)など、彼のグリーン・ニューディール案を全面的に押し出している。

環境も経済も

これまでは、世界でも日本でも「環境よりも経済」という考え方が、主流のパラダイムであったことは否定できない。たとえば、一九六七年に日本で制定された公害対策基本法の一条二項には、「生活環境の保全については、経済の健全な発展との調和が図られるようにするものとする」とある。これは環境調和条項とよばれ、通商産業省(当時)や産業界が入れることを強く要求し、水俣病をはじめ公害問題で日本中が騒然となってからようやく削除された。

そして、今でも環境問題を語る際には、「環境 vs. 経済」というフレーミング(意図的な構図作り)が自称経済重視派からなされ、結局は国民も、自称経済重視派の言説に流される。日本がまさにそうだ。気候変動問題やエネルギー問題に関して、経済産業省(以下、経産省)と環境省との間の仁義なき戦いは相変わらず続いており、二〇一一年の東日本大震災および福島第一原発事故も、そのような状況を変えることはなかった。逆に、復興という名目のもと、経済優先の機運が強まった。そのこと自体は、ある程度はしかたがないことだと筆者も考える。

そうは言っても、自公政権を支持しない人も含めて、いまだ多くの人が日本政府や産業界の一部が流し続けている「原発や石炭火力のコストは再エネより安い」「原発がないと電気代が上がる」「再エネは発電量が変動するので使えない」「日本は地形的に再エネに向かない」「これ以上の省エネはもう無理」という議論を正しいと信じてしまっていることは問題だ。それらを信じてしまうと、エネルギーや温暖化問題を選挙の争点にすることは難しく、仮に争点にした場合、精神論で戦わざるを得なくなる。そうすると、やはり選挙では勝てない。

「原発や石炭火力のコストは再エネより安くて省エネはもう無理」という議論は、今や世界の常識ではまったくない。理由は簡単で、エネルギーの世界では、パラダイムをシフトするような大革命が起きたからだ。それは、本書でも詳しく取り上げる再エネのコモディティ(商品)化による価格破壊と雇用創出である。すなわち、すでに多くの国・地域で太陽光や風力が最も安い発電エネルギー技術となっており、国によっては、太陽光や風力の発電設備の導入コストは、既存の化石燃料発電所や原発の運転コストよりも安い。また、国際再生可能エネルギー機関（ＩＲＥＮＡ）は、二〇一九年の一年間において再エネ関連の雇用は世界全体で約一一五〇万人に達したと報告している。省エネに関しても世界は注目しており、多くの国のグリーン・リカバリー案では、省エネが再エネと同等、あるいは再エネよりも重要な役割を担っている。

一方、日本政府は「原発や石炭火力のコストは再エネより安い」「省エネは無理」という神話を守るために、いまだに様々な政策で意図的に再エネ・省エネの導入を抑えている。ゆえに、日本における再エネのコストは欧米や中国などに比較して高い。エネルギー効率も他の先進国に比較して停滞している。

すなわち、今のエネルギー・システムを維持しようとする政府や企業が「経済優先」と言う場合、それは、一部の企業のみの短期的な経済的利益の優先を意味し、日本全体の経済を優先するということではない。ゆえに、彼らは自称経済重視派でしかない。

たとえれば、世界では石器の時代から、値段が安くて手軽に入手できて便利で雇用も拡大できる鉄器の時代に移行しようとしているのに、石器を売ったり、使ったりする人たちに配慮してわざと鉄器の導入を抑えているのが日本だ。

ジャスティス（正義）

グリーン・ニューディールには、もう一つのキーワードがある。それはジャスティス（正義）だ。Justice の日本語訳は、正義の他にも、公正、公平、衡平など様々な言葉があり、実はどれもしっくりこない。本書ではとりあえずジャスティス、あるいは正義という言葉を使う。

気候変動の文脈でジャスティスは、主に、①一人当たりの温室効果ガス排出量が小さい途上国の人々が、一人当たりの温室効果ガス排出量が大きい先進国の人々よりも、気候変動によってより大きな被害を受ける、②先進国の中でも貧困層、先住民、有色人種、女性、子どもが現実としてより大きな被害を受ける、③今の政治に関わることができない未来世代がより大きな被害を受ける、の三つの意味で使われる（どれも定量的な事実である）。この三つの状況がアンジャスティス（不正義）であり、このような状況を変えることをジャスティスの実現とする。

ジャスティスの問題は、日本ではそれほど語られてこなかった。その大きな理由の一つは、日本は、米国などに比べて、少なくとも表面的には、様々な格差や分断の程度が小さいからだろう。一方、特に米国では、環境問題に関わるジャスティスは常に大きな問題となっていた。それはこれまで米国で積み重ねられた事実が背景にある。具体的には、たとえば、二〇〇五年八月にニューオリンズを襲ったハリケーン・カトリーナでの被害者は、まさに貧困層、先住民、有色人種、女性、子どもの割合が多かった。また、石油や天然ガスのパイプラインの敷設や鉱山開発などで影響を受ける人の中での先住民の割合も事実としてきわめて高い。二〇一五年七月に、当時のオバマ政権は、米国大手企業と協力して気候変動対策に取り組む組織(American Business Act on Climate Pledge)を設立した。これに関するホワイトハウスのホームページには、「気候変動は、特に子ども、老人、病人、低所得者、そしていくつかの有色人種のコミュニティに属するような脆弱な人々に大きな被害を与える」という記述があった。

実は、コロナ禍でも、同じようなことが起きている。たとえば、二〇二〇年一〇月二〇日、米疾病対策センター(CDC)は、米国内で統計などから予想される死者数を実際の死者数が上回る「超過死亡」が、二〇二〇年一月下旬~一〇月上旬の累計で二九万九〇二八人に上ったと発表し、その約三分の二の一九万八〇〇〇人強が新型コロナによる死者とした。人種別では、白人の超過率が一一・九%だったのに対し、ヒスパニックが五三・六%、黒人が三二・九%、アジア系・先住民が二八・九%であり、マイノリティー(人種的少数派)が新型コロナの被害をより多く受けていることが改めて裏づけられた。同じく米CDCによると、新型コロナの影響などで二〇二〇年前半の米国民の平均寿命は二〇一九年比で一歳、黒人では二・七歳短くなった。

社会システム全体のチェンジ

このようなジャスティスの問題を解決する(少なくとも状況を改善する)ためには、個人の努力だけでは不可能で、今の社会システムの変革が必要だというコンセンサスが気候変動問題を真剣に考える人の間で形成されたのは、自然のなりゆきだと言える。今の社会システムを明確に定義するのは難しいものの、少なくとも、化石燃料産業を中心とする大企業が多額の政治献金で政治家や官僚を動かして、自分たちの短期的な利益のみを求める企業活動には何ら歯止めをかけることなく、格差や分断を容認するような社会システムであれば、ジャスティスの確立も気候変動の阻止も不可能なことは明白だからだ。そのような認識は、特に米国では二〇一〇年以降に強くなっている。その流れを作り、自らも流れに乗っているのが、民主社会主義者を自ら標榜するサンダース上院議員や前出のオカシオ＝コルテスのようなプログレッシブ(革新的)な民主党議員である。気候変動のために社会システムのチェンジが必要と説くカナダ人ジャーナリストのナオミ・クラインの著作(彼女が批判するのは資本主義や新自由主義)は多くの人に読まれ、サンライズ・ムーブメント(Sunrise Movement)という若者グループ(サンライザー)による議員オフィス占拠などのアクションが呼応した。

一方、だからこそ今の社会システムを維持したい人々は、「個人のライフスタイルを変えるのが大事」「地球にやさしい行動をみんなが始めよう」などの耳当たりのよいフレーズをメディアなどで流す。しかし、個人が変わるのは重要なものの、多くの場合、このようなフレーズは、個人の問題に転嫁することで社会システムのチェンジを阻止することを目的とした目眩し戦術である。そのことに気づかず、無意識に騙されている人は非常に多い。

これまで米国での気候変動問題の優先順位は低かった。しかし、今は違う。バイデン米大統領は、二〇二〇年八月の民主党大統領候補の指名受諾スピーチで、「米国が直面する問題は、経済、コロナ、人種差別、気候変動の四つだ」と明言している。二〇二〇年一〇月のトランプ前大統領とのディベート(討論会)でも、第一回は、共和党寄りのFOXニュース所属の司会者が、若者の抗議を受け気候変動問題を急遽論点に入れた。第二回のディベートでは、事前に決められた六つの争点のうちの一つに気候変動問題が入っていた。

すなわち、米国での気候変動問題の政治的な優先順位は非常に高くなっている。その背景には、米国全土において森林火災、熱波、ハリケーンなどによる被害が顕著になっていることもあるが、前述のアンジャスティスの存在も大きい。そして、ジャスティスの問題は、黒人差別に対するブラック・ライブズ・マター(BLM)運動などの抗議運動と結びついて、どんどん大きなうねりとなっている。アフリカ系の父とアジア系の母を持つ米副大統領カマラ・ハリスも、民主党の大統領指名候補選挙の際には環境正義を強調していた。カリフォルニア州司法長官でもあった彼女は、「化石燃料会社から政治献金をもらわない」と宣言し、化石燃料会社への訴訟の必要性を訴えるなど、企業との対決色を強めていた。このように、エネルギーや気候変動問題が国政選挙では争点にならない日本の状況とは大きな違いがある。

その日本では、二〇二〇年一〇月二六日、菅首相が、新たな目標として「二〇五〇年カーボンニュートラル（温室効果ガス排出実質ゼロ）」を表明した。しかし、その後の二〇二〇年一二月二五日に政府から出された「二〇五〇年カーボンニュートラルに伴うグリーン成長戦略」には、現行の目標や政策の大きな変更はまったく見られず、逆に「二〇五〇年カーボンニュートラル」に必要な対策を後回しにすることを堂々と宣言するような内容であった。察するに、経産省が先手を打って、温暖化対策強化の動きを牽制するために、省庁間の調整もせずに速攻で作成したのだろう。よくあるパターンである。その後、米バイデン政権は、二〇三〇年の温室効果ガス排出削減数値目標を引き上げるよう日本への圧力を強めた。このため、日本政府は二〇三〇年に四六％削減（二〇一三年比）という目標を決めた。外圧、特に米国からの外圧でしか動かない日本を再認識させるような展開であるものの、引き上げないよりは良い。ただし今回の引き上げで「二〇五〇年カーボンニュートラル」が実現できるかどうかはまったく不透明だ。

世界および日本において、「二〇五〇年カーボンニュートラル」が実現されるのか。その鍵を握るグリーン・ニューディールとは何なのか。日本ではなぜ政府はグリーン・ニューディールとは縁遠いエネルギー・温暖化政策しか出せず、政治家も官僚も企業も多くが「二〇五〇年カーボンニュートラル」を本音のところではどうでも良いと思っているのか。ではどうすれば良いのか。本書では、これらの問いに対して、筆者が国内外の気候変動に関わる科学と政治の場で経験したエピソードなどを挟みながら、科学・技術や政治経済だけでなく、思想や哲学といった側面からも答えを模索する。

豊かさと幸せと平和をもたらすニューノーマルをめざして

過去のパンデミックは世界を大きく変えた。中世ヨーロッパを襲ったペストからルネッサンスが生まれ、一九一八年に世界で大流行したスペイン風邪は第一次世界大戦を終結させる大きな要因となった。

今回の新型コロナによるパンデミックからも多くのニューノーマルが生まれるだろう。まず、世界のデジタル化は必ず加速する。しかし、それが人々を幸せにするかどうかはわからない。一方、グリーン・ニューディールは、気候変動の被害を回避し、雇用を増やして、経済を回復させるという意味で必ず大多数の人々を幸せにする。エネルギー・システムは、大規模集中のエネルギー多消費型から、ＩｏＴ技術を駆使した柔軟で災害に強い分散型となり、それは新たなエネルギー文明と言いうるものをもたらす。政府や電力会社からトップダウン的に原発や石炭火力の電気を無理やり使わされるのではなく、個人、家庭、企業が自立して、ボトムアップでエネルギーの消費者と生産者を兼ねることになる（プロデューサーとコンシューマーを合わせた造語でプロシューマーとよばれる。たとえば、太陽光パネル、電気自動車、蓄電池などの所有者は、プロシューマーになる)。これをエネルギー・デモクラシーとよぶ人もいる。

何よりも、二〇世紀における戦争の大きな原因の一つであった化石燃料資源をめぐる争いから脱却できる。その意味で、日本は真の平和国家になることができ、米国や中東の国々に忖度しない平和のための自主外交が可能となる。

しかし、そのような世界が実現するためには多くの障害がある。それは、既存のエネルギー・システムを維持しようとする人たちが必死に抵抗するからであり、彼らの経済力や政治力は絶大だからだ。彼らは、自分たちの利益と国益を意図的に混同させるなど、あらゆる手段を使ってグリーン・ニューディールを阻止しようとする。

すなわち、グリーン・ニューディールの実現には、政府や企業を強くプッシュし続け、時には対峙する必要がある。そのために、なるべく多くの人がエネルギーや気候変動に関わる科学・技術や政治経済の現状、そしてそれらの表と裏をある程度把握し、グリーン・ニューディールというアジェンダの重要性や日本全体としてのメリットを理解することが不可欠だ。

本書は、まず前半で、グリーン・ニューディールが生まれた背景となる気候変動の科学と政治に関する様々な議論や出来事を振りかえる。後半では、各国および日本のグリーン・ニューディール案を紹介することで具体的なイメージをもってもらう。本書の読後には、皆さんがグリーン・ニューディーラーとなっていることを期待する。

第1章

科学から政治へ

ノーマルになった異常気象

以下は、二〇二〇年にメディアを賑わした気象関係のニュースだ。

〈世界〉

・二〇二〇年は、これまでで最も暑い年だった二〇一六年に並び、観測史上最も暑い年であった。ただし、二〇一六年は気温を上げるエルニーニョ現象の影響があった。しかし、二〇二〇年は気温を下げるラニーニャ現象があったにもかかわらず史上最高気温となった(図1-1)。

・南極では、二〇二〇年二月九日に南極観測史上最高の二〇・七五℃を記録。シベリアでは、二〇二〇年の年明けから半年以上も高温が続き、六月には北極圏で異例の三八℃に達する熱波が発生した。

・米国カリフォルニア州デス・ヴァレー国立公園で二〇二〇年八月一六日、八月の世界最高気温となる五四・四℃を記録した。

・大西洋のここ一〇年間の海水温は、少なくとも過去二九〇〇年の間では最も高かった。

・二〇一九年末から二〇二〇年明けまで続いたオーストラリアの森林火災では、約一一万五〇〇〇平方キロ超(日本の面積の約三分の一)の低木林地を焼き、三〇人超が犠牲となり、多数の家屋が焼損、三〇億匹の動物が犠牲となった。

・中国南部では、二〇二〇年六月以降の長期的な大雨(過去六〇年で最大の雨量)により、六三四六万人が被災、死者・行方不明者が二〇〇人以上となった。

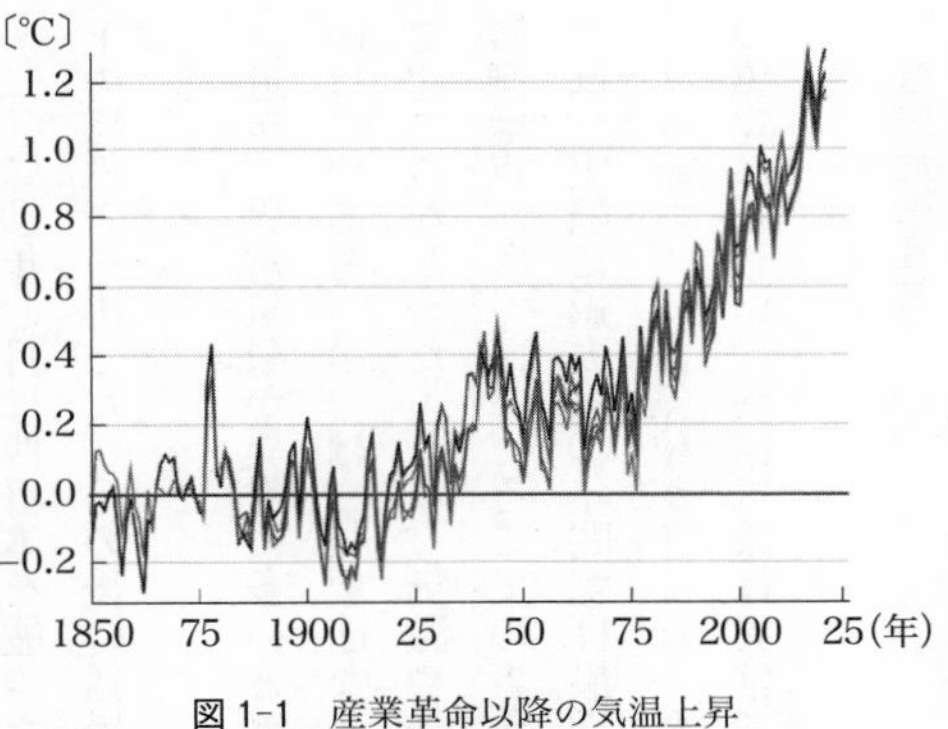

図 1-1　産業革命以降の気温上昇
(6つの気象観測機関の数値をまとめており，すべてが同じ傾向を示している)
出典：英国気象庁

・ハリケーン・ローラは、米国ルイジアナ州に観測史上最強の勢力で上陸し、二〇二〇年全米で起きた災害としては最高額一四〇億ドル(約一・五兆円)の経済損失をもたらした。

〈日本〉

・二〇一九年から二〇二〇年にかけての冬は記録的暖冬にあり、各地で積雪不足が報告された。

・二〇二〇年八月初めまで続いた猛暑は東日本の高温記録を更新して、熱中症による死者数は一四〇〇人を超えた。

・二〇二〇年七月に西日本を襲った豪雨は球磨川を中心とする河川氾濫をもたらし、八〇名以上の犠牲者を出した。その後の猛暑は、各地で高温記録を更新した。

近年、異常気象が異常に多いと感じる方は多いのではないか。多くなったと感じてしまう理由は二つある。第一は、気象庁などの専門機関が、それぞれの観測地点において過去三〇年間で起こらなかったような、気温や降水量が著しく偏った気象を異常気象と定義しているからだ。観測地点が多くあり、そこでの事象が記事になれば異常気象は毎日でもメディアに流れる。第二は、実際に過去三〇年間では最近にその異常気象が集中するようになったことがある。すなわち、異常気象が多くなったと言う場合、若干の注意が必要なものの、一般の人々が持つ感覚は正しい。異常気象は異常ではなくなりつつある。

気候危機宣言

このような状況下、気候変動という言葉は弱すぎるという理由で、気候危機や気候非常事態という言葉が使われるようになっている。二〇一六年にオーストラリアのデアビン市を皮切りに、世界の各地域・国で、気候非常事態宣言が発出され、国家では英国、フランス、カナダなどが宣言した。日本でも、二〇二〇年一一月二〇日に、国会で気候非常事態宣言が全会一致で可決された。長崎県壱岐市をはじめ四〇を超える自治体も宣言している。

参考までに、日本の国会が可決した宣言の全文を紹介する。

> 近年、地球温暖化も要因として、世界各地を記録的な熱波が襲い、大規模な森林火災を引き起こすとともに、ハリケーンや洪水が未曽有の被害をもたらしている。我が国でも、災害級の猛暑や熱中症による搬送者・死亡者数の増加のほか、数十年に一度といわれる台風・豪雨が毎年のように発生し深刻な被害をもたらしている。
>
> これに対し、世界は、パリ協定の下、温室効果ガスの排出削減目標を定め、取組の強化を進めているが、各国が掲げている目標を達成しても必要な削減量には大きく不足しており、世界はまさに気候危機と呼ぶべき状況に直面している。
>
> 私たちは「もはや地球温暖化問題は気候変動の域を超えて気候危機の状況に立ち至っている」との認識を世界と共有する。そしてこの危機を克服すべく、一日も早い脱炭素社会の実現に向けて、我が国の経済社会の再設計・取組の抜本的強化を行い、国際社会の名誉ある一員として、それに相応しい取組を、国を挙げて実践していくことを決意する。その第一歩として、ここに国民を代表する国会の総意として気候非常事態を宣言する。
>
> 右決議する。

皆さんは、これを読んでどう思っただろうか。まず、冒頭の「地球温暖化も要因として」という言葉が微妙なのだが、これは措くとしても、筆者は、この文書が出されたのを手放しで喜ぶことはできなかった。もちろん、このような宣言はないよりは良い。しかし、多くの場合、このような文書は、政治家のパフォーマンスで終わり、メディアもきちんとフォローしない。すでに多くの政治家の頭の中からは、このような宣言をしたことがその後スポッと消えていると思う。恐らく彼らの多くは、総論賛成各論反対で、多くの温暖化対策には反対する。すなわち、市民社会がプレッシャーをかけ続けないと何も変わらない。

シリア難民と温暖化

国際社会が気候危機という言葉を使うようになった大きな背景の一つには、気候変動が安全保障問題だという認識が強まったことがある。実際に、米国国防総省(ペンタゴン)や米国海軍などは、気候変動が米国の安全保障に与える影響に関するレポートを一九九〇年代から出している。しかし、国際社会の認識が大きく変わったのは、二〇一五年にシリア難民と気候変動を関連づけた論文(Kelley et al. 2015)が出たことが影響したと筆者は考える。

この論文は、シリア難民問題が発生した大きな要因の一つとして地球温暖化があるという内容だ。それによると、温暖化が風の流れを変えることによってシリア地域の降雨量を減少させ、高温が土壌水分を喪失させた。このため二〇〇六〜一〇年に史上最悪と言われる干ばつが発生し、アサド政権が水を大量に必要とする綿花栽培を奨励していたことも重なって、地下水の枯渇、農業生産量の三分の一減少、ほぼすべての家畜の喪失、穀物価格の高騰、栄養不良による子どもの病気蔓延が起きた。その結果、すでにイラク難民であふれていた国境沿いの都市に一五〇万人以上のシリア農民が新たに国内難民として流入し、まさにそのような都市で二〇一一年の「アラブの春」につながる反政府革命暴動が勃発した。

このような因果関係の傍証として、人為的CO2排出を考慮した気候モデルによるシリアでの気温上昇・降水量減少の予測値と観測値の一致や、地域別の細かい時系列分析を行なった研究が使われた。

このシリア難民と温暖化問題の関係については、米国の政治家や英国のチャールズ皇太子のような環境問題に関心のある有名人が取り上げて、欧米のメディアでは大きく報道された。二〇一六年の米大統領選挙の民主党指名候補をヒラリー・クリントンなどと争ったマーティン・オマリー前メリーランド州知事(当時)も、しばしばテレビのインタビューなどでシリア情勢と温暖化問題との関係について語った。

しかし、この因果関係の説明のロジックに関しては、単純すぎるという批判も少なくなかった。したがって、単なる「要因」ではなく、「拡大要因(マルチプライヤー)」や「底上げ要因」という言葉を使う研究者が今は多くなっている。そうは言っても、この因果関係は、日本でもかつての農民一揆が干ばつや冷害が要因となっていることを考えれば、それほど違和感なく理解できるはずだ。

気候変動による難民に関して、ノルウェー難民評議会国内避難民監視センター(NRC/IDMC)は、二〇〇八年以来、洪水や干ばつなどの気象災害によって年間二一五〇万人以上が避難を余儀なくされ、そのうちの九五%は途上国に住む人々であるとする。また、英国のシンクタンクである海外開発研究所(ODI)は、このまま温度上昇が続くと二〇三〇〜五〇年に農業生産の低下、水不足、商品価格上昇、栄養不良などによって世界全体で七億二〇〇〇万の人々が貧困層に逆戻りすると報告している。

二〇一五年一〇月一三日、ラスベガスで米民主党大統領選候補討論会が開催された。そこで、候補者五人中四人が最初の二分間の所信表明で温暖化問題に触れた。当時の二番人気であったサンダース上院議員と前出のオマリー前メリーランド州知事の二人は、「米国の安全保障にとって最大の脅威は?」という質問に「気候変動」と答えた(米国では気候変動という言葉の方が温暖化よりも頻繁に使われる)。四年後の二〇二〇年の大統領選挙でも民主党の二番人気となるサンダース上院議員は、化石燃料業界による共和党への大量の政治献金が気候変動を否定することに使われているとも訴えた。「あなたの人生において最大の敵は？」という質問に対して、候補者の一人であるチェイフィー前ロードアイランド州知事は「石炭ロビー。気候変動問題でずっと戦ってきたから」と答えた。討論会では気候変動という言葉が計二〇回出てきた。

これらを背景に、二〇二〇年の米大統領選挙では、バイデン元副大統領とハリス上院議員が、選挙中から気候変動を米国における四つの重要課題のうちの一つに挙げていた（他の三つは、コロナ、経済、人種差別）。実は、バイデン元副大統領は、ラディカルという批判を避けるために、自分の温暖化対策および経済対策はグリーン・ニューディールとは違うと言っていた。しかし、その中身はグリーン・ニューディールそのものであった（第4章で詳述）。

イベント・アトリビューション

地球温暖化と個別の気象事象（イベント）との因果関係は、気候変動の科学者を悩ませてきた。なぜなら、異常気象や気象災害が発生した時に、かならず地球温暖化との関係を問われるからだ。そして長い間、地球温暖化と特定の極端な現象との一対一のレベルでの因果関係を明らかにすることは難しいと考えられてきた。

しかし近年では、前述のように、特に熱波と集中豪雨に関して、イベント・アトリビューション（event attribution）とよばれる方法で、人為的な温室効果ガスの排出と具体的な被害の因果関係をかなり定量的に明らかにすることができるようになっている。その理由は、①気象や災害などに関する統計データの整備、②コンピューターによるシミュレーションモデルの精度向上、などである。

また、実際に気温上昇によって産業革命以降、大気中の水蒸気濃度が約三%上昇していることや、温室効果によって地球に追加的に蓄えられた熱エネルギーの具体的な大きさが明らかになっていることなどから、それらによる気温上昇や降雨量の変化などの気候変動が、地域レベルでもある程度は正確に予測できるようになっている。

すなわち、現在の科学は、統計的な方法やシミュレーションなどを用いて、個別の極端な現象の発生確率が人為的な温室効果ガス排出によってどれくらい大きくなるかを明らかにすることができる。たとえば、WWA(World Weather Attribution)という英オックスフォード大学、オランダ政府の気象研究機関、国際赤十字らの研究者が結成した共同研究グループは、二〇一七年六月に西ヨーロッパを襲った熱波(一九八一〜二〇一〇年に比較して月平均気温が約三℃上昇)のような極端現象の発生確率は、人為的温室効果ガス排出によって、ベルギーでは二倍、フランス、スイス、オランダ、中部イングランドでは四倍、ポルトガルとスペインでは一〇倍高くなったと試算した。その後、このWWAは、大きな気象災害が起きるたびに、それと地球温暖化の因果関係に関する定量的な研究結果を、災害発生後わずか数カ月で発表することにしている。

日本でも、国立環境研究所が同様の手法を用いて、二〇一八年七月豪雨で大きな被害を受けた瀬戸内地域の大雨は地球温暖化によって発生頻度が約三・三倍になっていたと推定した。また、同年七月の猛暑は、地球温暖化がなければ発生確率はゼロ、つまりどんな偶然が重なったとしても、地球温暖化による底上げがない限り、このような異常高温は起こり得なかったことを明らかにした。

ＩＰＣＣに対する誤解

このようなイベント・アトリビューションを行なっているのは科学者であり、その科学者の組織として、しばしばＩＰＣＣが引用される。そして、温暖化問題に懐疑的な人は、批判の矛先をＩＰＣＣに向ける。ＩＰＣＣは、科学をねじ曲げており、気候変動問題の被害を誇張しているという批判だ。

ＩＰＣＣは、気候変動に関する政府間パネル（Intergovernmental Panel on Climate Change）の略であり、地球温暖化などの気候変動問題に関して、科学的、技術的、社会経済学的な見地から包括的な評価を行なうことを目的として、一九八八年にＵＮＥＰと世界気象機関（ＷＭＯ）により設立された組織である。

ＩＰＣＣに対しては、実は次のような誤解が存在する。ここでは、様々なＩＰＣＣ批判も意識しながら、なぜ誤解であるかを説明する。

第一の誤解は、多くの人が、IPCCは研究をする組織だと考えていることだ。確かに、各国政府を通じて推薦された数百人の科学者および専門家が参加している。しかし、彼らのタスクは研究ではなく、五〜六年ごとにその間の気候変動に関する科学研究から得られた最新の知見を整理し、その結果を報告書にまとめて公表することだ。IPCCが新たな科学的問題を研究して、それを発表したりするようなことはしない。

第二に、IPCCを研究者の組織だと思っている人が少なくないが、実際には、最終的な文書を作成するプロセスでは、各国政府の官僚が関わる。また、IPCCのクオリティを決めるという意味で最も重要である「報告書執筆者」の人選は基本的に各国政府が行なうことになっている。そして日本の場合、温暖化対策の評価を扱う第三作業部会の人選は経産省の管轄であり、元官僚などが報告書執筆者となっている。見識がある人もいるものの、少なくとも、彼らは研究者としての経験が豊富にあるわけではない。

第三に、IPCCは、こうするべきだとか、こうあるべきだという価値判断を含んだメッセージを明示的に出すことはない。基本的には中立という立ち位置であり、「こうしたらこうなる」「こうしないとこうなる」という分析だけを行なう。その意味で、「IPCCの警告」といったような言い方は厳密には誤りである。

第四に、IPCCの報告書執筆者は全員が温暖化対策の必要性を強く主張すると思っている人が多いが、実際にはそんなことはない。たとえば、前述のように、日本の場合、第三作業部会の人選は経産省の管轄であり、その意向が働く。したがって、日本は、IPCCの報告書執筆者が温暖化対策に消極的な発言をしたり、文章を書いたりするという摩訶不思議な状況になっている。

消えない温暖化懐疑論

グリーン・ニューディールに限らず、あらゆる温暖化対策を阻害しているのが温暖化懐疑論だ。いわゆる、温暖化していない、二酸化炭素（CO_2）は温暖化とは関係ない、温暖化して何が悪い、の三つの議論であり、率直に言うと、①化石燃料会社、②情報リテラシー（正しい情報を収集・整理し、発信する能力）が低い人、③天邪鬼がかっこいいと思っている人、④天邪鬼になることで経済的利益を得る人、などが存在する限り、消えることはないだろう。

筆者と温暖化懐疑論との出会いは、二〇〇六年に筆者が属する環境経済・政策学会で物理学者の槌田敦（つちだあつし）氏の発表の討論者となったことに遡る。その時に槌田氏は温暖化の原因は人為起源のCO_2などではないと主張し、私が反論した。そして、槌田氏が私の席の前まで来て「では公開の討論会をやりましょう」と言った時に、思わず承諾してしまった。その後、国立環境研究所や海洋研究開発機構の研究者に助けてもらって討論会を行ない(懐疑派バスターズという組織も彼らと作った)、東京大学サステイナビリティ学連携研究機構という組織から『地球温暖化懐疑論批判』という報告書も出した(https://energytransition.jp/archives/144からダウンロード可)。

この報告書に対して、槌田氏が「東大という公的機関が温暖化問題に対する一方的な議論のみを載せた出版物を無償で出して配布するのはけしからん」と東京地裁に訴えた。光栄(?)なことに、出版時と当時の東大学長二人と私の三人が被告で、裁判は原告の敗訴となった。

その後も、何人かの懐疑論者と議論する機会があり、懐疑論に反論するような文章も多く書いてきた。ただし、そのような活動の効果があったかと聞かれると、自信を持ってあったとは言えないというのが正直な気持ちだ。世界でも日本でも、メディアに出演するような懐疑論者で「自分は間違っていました。お詫びします」と言う人は、どんなに彼らの過去の発言と現実のデータが矛盾することが明らかになっても出てこない。ほとんどの場合の理由は単純で、様々な権益を失いたくないからだ。

二〇一三年頃の米国の研究で、「科学者の九七%は今起きている急激な温暖化が人為的なものと考えている。しかし、一般の人の五五%は、科学者の間で意見が分かれていると考えている」と結論づけたものがある。二〇二〇年一〇月頃に、たまたま聞いた日本のラジオ番組J-Waveでも、それなりに環境問題には興味を持っているナビゲーターが「温暖化の原因に関しては、科学者の間で意見が分かれていますよね」と話していた。今の日本での数字は不明なものの、あくまでも筆者の感覚だと、一般の人々の数十%は科学者の間で意見が分かれているとまだ考えてしまっているように思う。

おそらく現在、世界で最も有名で、かつ最も影響力がある懐疑論者はトランプ前米大統領だろう。前述のように、科学や科学者を無視する彼を支持する何千万という数の人たちを見ると、世の中における科学的知見の意味や重要性について思わず考え込んでしまう。政治の前では科学は意味がなく、かつ多くの人が科学的な事実を知らない（知ろうとしてもできない、あるいは知ろうとしない）。それが現実なのだろう。

悲観的になっても仕方がないので、以下に典型的な懐疑論者の主張と、それに対する反論を簡単に書いておく。それぞれ日本では、大学教授や元大学教授といった肩書を持つ人物数人がメディアに流している懐疑論だ。重要なポイントは、彼らの専門分野が気候変動ではないことだ。注目さえされれば良いので、メディアの方が内容の是非を事前に検証することはなく、みな肩書に騙される。まさにフェイクニュースや陰謀論が社会に浸透するのと同じ構造となっている。

懐疑論1：ある場所では温度が低下している。だから温暖化は怪しい。

反論：観測地点の大部分では温暖化している。論理的に、部分で全体は議論できない。懐疑論としては最も幼稚な部類。

懐疑論2：CO_2ではなくて、太陽活動（宇宙線）や水蒸気のほうが温暖化に影響がある。

反論：太陽活動の強さも宇宙線のトレンドも、最近の温暖化のトレンドとは一致していない。水蒸気は、確かに最大の温室効果ガスであるものの、そのことは気候モデルでも十分に考慮されている。水蒸気濃度は長期間バランスしており、人為的に制御することは困難である。一方、急速に濃度が増加していて、全体のバランスを壊そうとしているのがCO_2やメタンなどの温室効果ガス。

懐疑論3：気候モデルは信用できない。

反論：気候変動を予測する気候モデルは、経済モデルと同様に、まず過去および現在の事象を事後的にうまく再現できるかどうかによって検証されている。世界中で独立に開発された多くのモデルがこのような不断の検証を受け続けており、現時点でそのすべてが将来の温暖化傾向を予測している。

懐疑論4：CO_2濃度の上昇は認めるものの、人間活動とは関係ない。

反論：炭素同位体などを用いた方法など、複数の方法論に基づいた定量的な研究で人間活動との関係は明確に証明されている。

懐疑論5：温暖化が起きて何が悪い？　過去にも温暖化した時代があったのではないのか？
反論：自分のことだけしか考えていない。また、現在起きている温暖化の急激なスピードは過去に例をみない。現代社会と数百年前の社会とでは、人口や社会環境もまったく違う。
懐疑論6：温暖化問題は原発推進派の陰謀、あるいはリベラル派の陰謀である。
反論：原発推進派が温暖化対策を口実に使っているのは確か。しかし、そのことと温暖化の科学の正統性とは独立した問題で関係がない。現在、温暖化対策に熱心なNGOのほぼすべては反原発であり、筆者の感覚では、温暖化問題に関わっている研究者の多くがそのコストやリスクから原発の役割には否定的。すなわち、単純に現状認識が間違っている。
懐疑論7：温暖化問題よりももっと大事なことがある（たとえば戦争や貧困）。
反論：戦争や貧困など多くの問題は前からあって、これからもある。また、温暖化は、戦争や貧困の要因あるいは拡大要因となる。結局は、温暖化問題の重要性を貶めて、対策を先送りするためだけの議論。筆者の感覚では、このような議論をする人ほど、本当は戦争や貧困のことも考えていない。

これら以外に、前述した「個人の行動の変革が大事」あるいは「温暖化対策を訴えながら車に乗ったりエネルギーを使ったりするのは偽善」という個人への責任転換の言説や、「もう間に合わないから無理」といった対策放棄の言説なども、すぐれて戦術的な懐疑論だと言える。

筆者は、訴えられたものの、化石燃料ロビーとは関係なく、反原発にかける強い思いがモチベーションになっている槌田氏にはネガティブな感情を持っていない。敬意すら持っている。他方、ウケ狙いのためかメディアで反常識なことを言い続ける人や、「一〇年後には寒冷化する」と一〇年前に言っていたのに今も同じことを言い続ける人には、その人間性に大きな疑問を感じざるを得ない。

そもそも二℃目標とは?

多くの人が疑問に思っている「なぜ二℃?」にも答えておきたい。二℃目標というのは、人為的な温室効果ガス排出による全球平均気温上昇を、産業革命前(つまり温暖化が起きる前)と比べて二℃未満に抑えるという、二〇一五年に採択された「パリ協定」(後述)の全体目標である。温暖化の危険なレベルやリスクをどう認識するかによって今後の温室効果ガス排出削減のあり方が大きく変わるため、その目標の検討は非常に重要な意味を持つ。地球温暖化問題に対処する国際的な取組みとして一九九二年に締結された国連気候変動枠組条約(UNFCCC)は、「人類活動から排出される温室効果ガスの大気中濃度を、気候システムに危険な影響をもたらさない水準で安定化させること」をその究極目的としている。しかし、条文の中には危険な影響が何を意味するかについての具体的な記述や数値はない。そのため、数多くの国際交渉を経て、ようやく二〇一〇年にメキシコ・カンクンで開催された国連気候変動枠組条約の第一六回締約国会議（COP16）での「カンクン合意」に二℃目標が盛り込まれた。そして二〇一五年のCOP21で採択されたパリ協定では、二℃よりもはるかに低い（well below）レベルで抑制することが目標として設定され、一・五℃に抑える努力を追求することにも言及された。

二℃目標は予防原則という考え方に基づいた政治的・政策的な判断だ。すなわち、これは科学者が作ったのではなく、政治的に作られたものである。予防原則とは、「深刻な、あるいは不可逆的な被害の恐れがある場合、完全な科学的確実性のないことが費用対効果の大きな対策を延期する理由として使われてはならない」というものであり、リスク削減対策に関する意思決定をする場合に用いられる。

科学的知見には不確実性が残り、経済的な分析にも価値観が入る。だからこそ、二℃目標に関する議論の牽引役を果たした欧州連合（EU）では、政策立案者、科学者、利害関係者、そして一般市民が参加する政治と科学の対話プロセスが構築され、多くの議論が重ねられてきた。

二〇〇九年のコペンハーゲンでのCOP15以降の国際交渉では、気候変動に対して脆弱な小島嶼国連合やアフリカ諸国が、二℃よりも厳しい一℃や一・五℃を目標とすることを求めた。筆者は、あるアフリカの国の交渉担当者がCOPの会議の場で「世界平均での二℃上昇は、多くのアフリカ大陸の国々での三℃上昇を意味する。それはアフリカに対する死刑宣告でありホロコーストだ」と発言したのを強く覚えている。

しかし、先進国は実現可能性が低いと難色を示し、議論は並行線をたどっていた（COP15自体は決裂し、最終文書は正式には採択されなかった）。そのため、二〇一〇年のカンクン合意では、二℃目標を不十分とする国々への配慮として、二℃目標の十分性・妥当性について定期的なレビューを行ない、一・五℃上昇の影響についても考慮しつつ、長期目標の強化を検討する必要性について触れられた。二〇一一年に南アフリカ・ダーバンで開催されたCOP17での「ダーバン合意」は、二℃目標達成に必要な排出削減目標と現状との「顕著なギャップ（エミッション・ギャップ）に対する重大な懸念」に言及した。そして、前述のように、COP21で採択されたパリ協定では、単なる二℃目標だけではなく、「二℃よりもはるかに低いレベルで抑制する」「一・五℃に抑える努力を追求する」という言葉が盛り込まれた。

一・五℃目標のカーボン・バジェットが意味するもの

「カーボン・バジェット（炭素予算）」とは、人間活動による気温上昇を一定のレベルに抑える場合に想定される、CO_2などの温室効果ガスの累積排出量（過去の排出量と将来の排出量の合計）の上限値をいう。量が決まっているという意味で、予算という言葉が使われている。

CO_2累積排出量と、予測される世界平均気温の変化量の間には、ほぼ比例の関係がある。したがって、一八六一～一八八〇年平均と比べて人間活動を起源とする全気温上昇を六六％以上の確率で二℃未満に抑えるために、二〇一四年のIPCC第五次評価報告書は、一八七〇年以降のすべての人為起源の発生源からのCO_2累積排出量を約二九〇〇ギガトン（二・九兆トン）未満に留めることが必要であるとした。二〇一一年までにすでに累積で約一九〇〇ギガトンが排出されていることから、累積排出量を約二九〇〇ギガトン未満に留めるためには、二〇一二年以降の世界全体でのCO_2累積排出量を二九〇〇から一九〇〇を引いた約一〇〇〇ギガトン、すなわち約一兆トンに抑える必要があるということになる。

この約一兆トンという数字は、実は恐怖の数字である。なぜならこれを、二〇一〇年の世界のCO_2排出量（約三七ギガトン）で割ると二七となる。これは二七年で二℃に到達する、すなわち今の排出量で出し続けると二〇三九年からはゼロ排出にしなければならないことになる。パリ協定で「努力を追求する」ことになった一・五℃目標だと、それまでに出せる排出量は約半分の五〇〇ギガトンとさらに少なく、一三・五年分しかない。そうだとすると二〇二六年あたりでゼロ排出ということになる。

その後、二〇一八年一〇月に、「IPCCの一・五℃目標に関する特別報告書」が出され、世界平均気温の推定法を変更したことなどによって、一・五℃目標達成のために残されたカーボン・バジェットの量がIPCC第五次評価報告書の数値と比較して約三〇〇ギガトン分上方修正されて五七〇ギガトンとなった。この新しいカーボン・バジェットの数値から、IPCCは世界全体のCO_2排出量を二〇一〇年比で二〇三〇年に四五%削減、二〇五〇年にはゼロにしないと六六%の確率で一・五℃の上昇に留めることは不可能とした。また、UNEPは、一・五℃目標達成には、二〇二〇年から二〇三〇年までの一〇年間に世界全体で年間七・六%の削減が必要という報告書を出した。これらが最新の科学者によるコンセンサスである。しかし、これはあくまでも世界全体の話だ。

五七〇ギガトンのうち、日本が使える分はどれだけあるのだろうか。これをどう世界の国に公平に分けるかが、まさにジャスティスの問題になる。まずは、歴史的な排出責任や途上国の経済発展に伴う一人当たり排出量の増加をあまり考慮しないという意味で先進国にとって比較的有利な現存人口割にしてみると、世界人口が約七七億人、日本の人口が約一・三億人なので約九・六ギガトンとなる。一方、最近の日本の年間排出量は約一・二ギガトンである。

すなわち、一・五℃目標に関しては、たとえて言えば、日本を含めた先進国は、あと数年で「お前はもう死んでいる」という漫画『北斗の拳』の主人公のセリフのような状況になる。

これらの数値は、計算方法や排出経路などによって若干の違いは出る。しかし、本質的な結論はほぼ変わらない。すなわち、一・五℃目標を達成するために、日本のような先進国は、ある程度の公平性を考慮すると、二〇三〇年に二〇一〇年比でCO_2排出量を一〇〇％近く、あるいは一〇〇％以上削減する必要があり、実際に、そのような結果を示すアカデミックな論文も出ている。たとえば、各国の数値目標の公平性を評価しているClimate Action Tracker（CAT）は、日本に対しては、公平性を考慮した場合、二℃目標達成のためには二〇三〇年に二〇一〇年比で約九〇％、一・五℃目標達成のためには二〇三〇年で約一二〇％の削減が必要としている（Climate Action Tracker 2021）。一方、今の日本政府の削減目標（二〇三〇年に二〇一三年比で四六％削減）は二〇三〇年に二〇一〇年比だと約四〇％削減であり、日本の環境NGOが政府に要求しているのもせいぜい五〇～六〇％削減程度である。

実は、筆者は、二〇二〇年の初め頃に、日本で温暖化対策に取り組む組織であるFridays for Future（未来のための金曜日、以下FFF、第2章で詳述）に関わっている若者から、日本の二〇三〇年目標としてFFFはどの程度の数値を出せば良いかという相談を受けた。その時に、一・五℃目標や公平性を考慮するのであれば一〇〇％以上になると言ったら、一部の若者からは反発を受けた。彼らは、あまりにも非現実的だと思ったのだろう。筆者のことを胡散臭いと思った若者もいたように思う。しかし、彼らのアイコンでありインスピレーションの源泉となっているスウェーデンの環境活動家グレタ・トゥンベリ（Greta Thunberg）は、「二℃目標達成のためにスウェーデンのような先進国は毎年一五％削減が必要」と様々な場で公言している。筆者は、若者たちに「削減しなければならない（義務や責任）と、削減できる（現実的な可能性）は違っても良いのでは？」とコメントした。時間が限られていたせいもあって、最終的には、FFF Japanの数値は「二〇三〇年に二〇一〇年比四五％以上削減」となった。すなわち、「現実的な可能性」が優先された。

確かに、二〇三〇年までの一〇〇％以上削減や毎年一五％削減に関しては、具体的なイメージが湧かないのは無理もない。他国もどうせ現実路線だからという責任逃れ（？）の意見もあった。温暖化問題を真剣に考えるFFFの若い人でも反発するのだから、多くの人は、カーボン・バジェットや一・五℃目標が何を意味するのか皆目見当もつかないというのが実際であろう。

まとめると、科学は一・五℃上昇および二℃上昇した世界をわかりやすく描写した。それを受けた各国の政治家や官僚が、長い国際交渉を経て、パリ協定で産業革命以降の地球全体の気温上昇を二℃よりもはるかに低いレベルで抑制し、一・五℃に抑える努力を追求することをとりあえず全体目標として決めた。しかし、次章で詳しく紹介するように、パリ協定で各国が掲げた温室効果ガス排出削減数値目標は、全体目標である一・五℃目標は言うまでもなく、二℃目標の達成にもまったく足りない（そのままでは確実に三℃以上上昇する）。そのギャップは、恐らく一般の人々が考える何百倍も大きい。日本の環境NGOや若者たちが日本政府に要求している数字さえも、ジャスティスを考えれば、二℃目標の達成にもまったく不十分である。その上に、まだまだ世界にも日本にも懐疑論者はごまんといる。それが気候変動をめぐる科学、政治、そして社会の現状である。

第2章

政治への期待と幻滅

京都議定書を殺した日本

二〇一〇年一一月のメキシコ・カンクンでの気候変動枠組条約第一六回締約国会議(COP16)の初日、経産省から派遣されている日本政府代表団の交渉官が「日本はいかなる条件あるいは状況のもとでも、二〇一三年からの京都議定書第二約束期間に基づく削減制約に参加しない」と発言した。この発言は、これから熱い議論をしようとしていた各国代表団を凍りつかせるのに十分な冷水であった。筆者は、この発言自体は、レトリックも含めて、日本代表団の中でも少し問題になったと聞いている。しかし、環境省や外務省がこのような発言を阻止できなかったのは事実だ。今から考えると、この発言が二〇一一年から二〇二〇年までの「日本の失われた一〇年」の始まりを告げる号砲であった。

第1章では、主に、気候変動の現状、科学的な知見の発展、そして科学と現実との大きなギャップについて述べた。第2章は、まず前半で国際社会が気候変動問題に対応するために作った枠組みとして、京都議定書とパリ協定を取り上げて、内容や主な争点を紹介する。多くの研究者やNGOにとって、京都議定書は大きな期待であり、希望であった。しかし、それは消滅し、パリ協定が生まれた。後半では、遅々として進まない国際交渉や国内政治に幻滅した人たちの新たなアクションを紹介する。実は、これらのアクションが世界でグリーン・ニューディールを推し進める大きな原動力の一つとなっている。

まず京都議定書について。京都議定書は、一九九七年一二月に京都市の国立京都国際会館で開かれた気候変動枠組条約第三回締約国会議(COP3、写真)で同月一一日に採択された、気候変動枠組条約に関する議定書である。その京都議定書第三条では、二〇〇八年から二〇一二年までの第一約束期間中に、先進国全体の温室効果ガス(GHG)六種の合計排出量を一九九〇年に比べて少なくとも五%削減することを目的と定め、続く第四条では、各締約国が二酸化炭素(CO_2)とそれに換算した他五種の排出量について、割当量を超えないよう削減することを求めた。

京都議定書の一般的な意義は、歴史的な排出責任があり一人当たりの排出量も大きい先進国に排出量の具体的な削減義務を、初めて法的拘束力のあるかたちで

COP3の会議風景．参加者は6000人を超え，当時は日本で開催された最大の国際会議であった．(ロイター／アフロ)

課したことである。京都議定書は、直接的・間接的に世界の排出量の抑制に貢献しただけでなく、世界が具体的な温暖化対策を整備するための根拠となった。

ただし、第一約束期間が終わる直前の二〇一〇年頃、米国、ロシア、カナダ、そして日本の四カ国の政府は、京都議定書を延長して第二約束期間を設定することに強く反対した。この四カ国は、最初から京都議定書に反対していた。というよりも、温暖化対策に消極的、あるいは否定的であるがゆえに、温暖化を止めるための効果が期待されるあらゆる国際的・国内的な枠組みの構築に対して常に反対の立場をとった。この頃に筆者は、この四カ国を「悪の四人組」という意味を持つ“Gang of four”と名付けたアカデミックな論文を読んだことがある。

当時の米国、ロシア、カナダの政府が反対した理由は明白だ。政府関係者が化石燃料会社と切っても切れない関係にあったからだ。三カ国の共通点としては、①資源の大量輸出国かつ大量消費国であり、温暖化対策によって化石燃料業界やエネルギー多消費産業のような特定の業界や産業が大きな経済的影響を受ける、②それぞれの政権のトップあるいは有力な政策決定者の多くが化石燃料産業などのエネルギー関連企業に直接的に従事していた経験がある、③政権や有力政治家にとって、化石燃料業界やエネルギー多消費産業は重要な政治献金元であり、選挙の際の重要な支持基盤となっている、④政策決定者自らが温暖化対策を否定あるいは不要とするロジックとして温暖化懐疑論を用い、意図的かつ組織的に懐疑論を社会に流布している、などが挙げられる。政治家・エネルギー資本・懐疑論の三者連合が持つ政治的な権力は圧倒的に大きく、これらの国々に変化を求めることを国際社会は半ば諦めていた。

一方、日本政府が反対したのは、単純に、東京電力を代表とする電力産業、新日鉄（現日本製鉄）を代表とする鉄鋼業、トヨタを代表とする自動車産業が温暖化対策に消極的だからであった（これは今でも変わらない）。彼らの政治的影響力はきわめて大きく、筆者は、霞が関の官僚に、「この三つの産業や企業が反対するような政策を日本で通すことは不可能」と言われたのをよく覚えている。実際に、東京電力の政治的影響力は特に大きく、福島第一原発事故前には、経産省の人事にも介入できるくらいの力を持っていた（と、東電に歯向かった経産省ＯＢの人から直接聞いたことがある）。

歴史に「もし」はないものの、日本が京都議定書に対して異なる対応、たとえば京都議定書第二約束期間に参加し、積極的に制度設計に関わっていれば、パリ協定は法的拘束力がより強い「京都議定書第三約束期間」になっていた。その意味では、日本は京都議定書を殺した主犯の一人だと言える。そして、産業界や経産省が京都議定書批判を繰り返してきたことを考えれば、あきらかに確信犯である。

京都議定書は、日本が環境立国として世界でリーダーシップをとるための機会（チャンス）であった。パリ協定が生まれたことは、あえてリーダーシップをとらない「普通の国」に日本が

COP21開催時のパリの地下鉄のポスター．各駅に，このような大きなポスターが飾られた．（筆者撮影）

なったことを意味する。

パリ協定——妥協の産物

ではパリ協定はどのように生まれたか。二〇一五年一一月一三日に同時多発テロ事件があり、パリは非常事態宣言下であった。ただし、第二一回締約国会議（COP21）が始まった一一月末には、すでに市民は普通に生活していて、繁華街はいつものように人であふれていた（写真、フランス国旗を掲げている商店やレストランは少々目立った）。

二八日のオランド仏大統領（当時）のオープニング・スピーチは、環境NGOの間でも好評だった。一人当たりの温室効果ガス排出がより少ない途上国の人々がより大きな被害を受けるという不公平性の問題に触れ、「気候正義」という言葉を使って、気候変動の悪影響が水を求めての争いや難民を生み、その意味で気候変動問題は「平和の問題」だと明言していた。COP成功の条件として、①温暖化対策長期目標（温度目標として一・五℃にも言及）と目標見直しのメカニズム

（五年サイクル）、②歴史的責任などを考慮した国ごとの数値目標などの差異化と、先進国から途上国への少なくとも一〇〇〇億ドル以上の資金援助、③炭素価格、投資先の転換（ダイベストメント）、などかなり具体的な話をしていた。「高い目標を持って達成できない方が、低い目標を持って単に達成するよりも良い」とも述べて、その言葉の重要性を感じ取ったUNFCCC事務局長のフィゲーレスがすぐさま「素晴らしい」とツイートした。

結論から言うと、米国が嫌う責任や補償などの言葉はパリ協定からは完全に除去されたものの、それ以外でオランド大統領が挙げた点はほぼすべて協定に反映された。これには、二〇〇九年のコペンハーゲンCOP15の失敗以降、各国の期待値が収斂していたことが背景にある。オランド大統領の発言も、当然、過去数年間の交渉結果を踏まえた上での実現可能性を意識したものであった。そもそも、パリ協定の基盤となる仕組みは、すでにコペンハーゲン（COP15）やカンクン（COP16）における議論でほぼ構築されていた。かつパリではどの国も会議を失敗させた悪者にはなりたくなかった。

パリCOP21は、これまでの会期中に最終的な数値目標を交渉で決めようとした京都でのCOP3やコペンハーゲンでのCOP15と違って、数値目標自体はすでに出されていた。それは各国の「言い値」であり、当然、どの国の目標も低いものであった。一・五℃目標はおろか二℃目標達成もまったく不可能な数値であったものの、現実的には、その数値目標の会期中での修正は難しい状況であった。ただし、コミットメントの公平性という意味では、排出削減数値目標の公平性に基づいた差異化ではなくて、コミットメント全体の差異化（例：先進国の資金や技術移転の実施状況をモニタリングし、それを皆でレビューするような仕組みを入れる）といった、細かいものの重要な点での差異化が、公平性を巡る戦いの前線となっていた。

結果的には、第1章で述べたように、世界の平均気温を産業革命以前から二℃未満に維持、一・五℃未満への努力を継続、事実上の人為的化石燃料の排出を二一世紀後半にゼロ、現在の対策からの後退なし、などが参加国全体の目標となった。一・五℃目標が入ったのは、実現可能かどうかは別にして、すでに被害に苦しむ島嶼国や脆弱国の訴えを無視できなかったということだろう。しかし、交渉の過程で、この「一・五℃目標」と、「資金（途上国への資金援助）」「責任・補償」などの他のイシューがトレードされた。すなわち、米国を中心に先進国側は、「一・五℃」という言葉を最終文書に入れる代わりに、途上国側が不十分だと主張していた先進国から途上国への資金供与額を呑ませ、「責任・補償」という言葉は最終文書に入れないよう要求した。その意味で一・五℃目標の評価は単純ではない。正直に言って当時は、各国の言い値でしかない数値目標の低さや、第1章で述べたような一・五℃目標の場合のきわめて小さいカーボン・バジェット量などから、ディールの結果として一・五℃が文書に入ったことにどこまで意義があるのか、筆者にはわからなかった。

最終文書では、気候変動による被害に対応する仕組みに関して独立した条項が設けられた。しかし、島嶼国や脆弱国が要求した「気候変動難民対策機構」という組織の構築は見送られた。それればかりか、米国の要求で「責任や補償という議論のベースとならない」という趣旨の文言がわざわざ入れられた。このような状況は、かつての日本の水俣病問題におけるチッソの患者への見舞金(一度お金をもらったら、さらなる賠償の要求は難しくなる)を想起させた。

COPの交渉では、二週間、交渉官は連日わずかな睡眠時間で、細かい文言について議論する。その意味で体力は不可欠なのだが、言うまでもなく複雑な方程式を解くような知力も必要とされる。争点ごとに、様々なディールやトレードがなされるからだ。すべての関係者がハッピーとなるような解(結果)は元から存在し得ない。パリCOP21の会場の中に設置された食堂の壁には、「あなたはコップ半分の水を、半分もあると考えるか、それとも半分しかないと考えるか」というナゾナゾのような有名な言葉が書かれていた。まさに、フランス流のエスプリだと思ったのを覚えている。

もう一つ、筆者が忘れられない光景がある。それは、パリ協定が採択され、多くの政府関係者や西側のメジャーなNGOが浮かれるなかで、メインの会議場から離れた小さな部屋で見たものだ。たまたま前を通りかかって、開いているドアから中の様子が覗けたのだが、そこでは、低開発国あるいは後発開発途上国とよばれる、途上国の中でも貧しくて、かつより大きな被害を受ける国々を支援するＮＧＯの数十人が、「責任・補償」という言葉が最終文書から消されたことや不十分な資金供与額などで、彼らにとってのジャスティスの実現とは程遠い内容であったパリ協定を、熱く厳しく糾弾していた。叫んでいる人もいた。しかし、その部屋にメディアはおらず、その悲痛な叫び声は、パリ協定採択を、あえて言えばナイーブに喜ぶ声でかき消されていた。

米国議会承認という人質

ドイツの有名な気候変動問題に関する研究機関であるヴッパタール研究所は、そのパリ協定評価のレポートの中で「基本的にはパリ協定も京都議定書もワシントンで書かれた」と書いている。これは、米国の国内事情が、京都議定書とパリ協定という気候変動対策の国際的枠組みの骨格を最終的に決めたということを意味する。実際に米国のケリー国務長官(当時。彼はバイデン政権で新設の気候変動担当大統領特使に就任した)は、パリでの終盤の交渉において「削減や資金に関する米国のコミットメントに対して、法的拘束力のある文書が米国議会によって拒否される現状は残念に思う」という回りくどい(戦略的な?)言い訳を繰り返していた(彼はいつも回りくどい英語を話すので有名である)。

温暖化の国際交渉は、米国が圧倒的な主導権を持つ。しかし、それは米国の政治家や交渉団の議論に説得力があって、それゆえに主導権を握っているということではまったくない。主導権を持つという意味は、多くの国が米国の温暖化対策の強度に合わせる、言い換えれば、米国の温暖化対策が消極的な場合、それをスケープゴートにして、多くの国が自国の温暖化対策も消極的なものにするという意味だ（残念ながら、オバマ大統領の時も含めて、これまで米国の温暖化対策が十分に積極的であることはなかった）。

そういう意味では、決定的なファクターとなるのは米国の上院の共和党議員の数だ。米国共和党は、化石燃料会社を有力な支持基盤としているので、温暖化対策に消極的な議員が多数を占めるという堅固な現実がある（彼らは、コロナ対策でマスクをする・しないも党派的問題とするような人々である）。共和党支持者がよく見るテレビのＦＯＸニュースは、今でも温暖化懐疑論を流している。一方、米国では、国際的な条約や協定を批准するためには、上院で過半数をとることが必要条件となっている。

すなわち、上院で共和党が多数を占めている場合は、政権がどんなに頑張っても、米国が条約や協定を批准することは不可能であった。逆に言えば、米国が批准することを国際社会がめざすのであれば、条約や協定の内容を（温暖化懐疑論者や温暖化否定論者でも受け入れられるような）緩いものにせざるを得ない。そのことが、ＣＯＰでの米国代表団が温暖化対策に対して消極的にならざるを得ないことの言い訳（開き直り？　脅し？）に使われてきた。それが、前出のケリー国務長官のコメントであり、同様の発言は、京都議定書の時のゴア副大統領からもあった(両方とも民主党政権)。というわけで、筆者は、もちろんバイデン大統領の誕生を喜んだものの、二〇二一年一月のジョージア州での上院選挙で二人の民主党候補が勝ち、民主党が上院で多数派をとることが確定した時は、本当に嬉しかった。同時に、正直に言うと、コロナがなければトランプが勝っていたかもしれない米国の民主主義とは何なのだろうかとも思った。

パリ協定の話に戻すと、確かに、パリ協定によって温室効果ガス排出削減(抑制)数値目標を持つ国は増えた。しかし、「米国議会の承認」を重視したために、その数値目標は各国の言い値になり、どれも二℃目標達成にはまったく不十分なものになった。さらに、その低い数値目標の達成に関する法的拘束力すら京都議定書の場合よりも弱い。実は、各国にとって目標の報告は義務であるものの、目標の達成は義務ではない。そのような意味でパリ協定は、自主的な取組みという壊れやすい氷の上での本当に小さな一歩にすぎない。

幻に終わった日本の温室効果ガス排出削減目標

序章でもふれたが、筆者は菅首相の「二〇五〇年カーボンニュートラル」宣言を手放しで喜ぶようなことはない。なぜなら、これまでも似たような政府のコミットメントがあり、それらが実際に「絵に描いた餅」であったからだ。ここでは以下の二つを紹介するが、共に日本のエネルギー・温暖化政策の根源的な問題を孕んでいる。

第一は、すでに政府が持っていた「二〇五〇年に温室効果ガス排出八〇%削減」という目標だ。経緯を説明しよう。二〇〇八年六月、福田首相(当時)は、G8北海道洞爺湖サミットに向け、日本の二〇五〇年までの長期目標として現状から六〇～八〇%の削減をめざすことを発表し、二〇〇八年七月には閣議決定もした。二〇〇九年七月のイタリアでのG8ラクイラ・サミットでは、先進国全体では八〇%以上削減するとの目標を支持する旨が表明された。これにより、「八〇%削減」が先進国の共通目標となっていき、二〇〇九年一一月の鳩山首相(当時)とオバマ米大統領(当時)は、オバマ大統領訪日の際に、「両国は、二〇五〇年までに自らの排出量を八〇%削減することをめざすと共に、同年までに世界全体の排出量を半減するとの目標を支持する」という共同メッセージを出した。さらに、二〇一二年四月、野田内閣(当時)は、「長期的な目標として二〇五〇年までに八〇%の温室効果ガスの排出削減を目指す」という文言を含む「第四次環境基本計画」を閣議決定した。

すなわち、日本政府は、「二〇五〇年カーボンニュートラル」の前に、すでに「二〇五〇年温室効果ガス八〇%削減」という目標にコミットしていた。しかし、恐らく国民の大多数は、そのことを知らない、あるいは忘れている。また、長く永田町や霞が関の人々の生態を見てきた筆者の感覚では、政治家や官僚にとって、三〇年後や四〇年後の八〇%も一〇〇%もそれほど大きな違いはないのだろうなと推察する。そして、実際に、「二〇五〇年に八〇％削減」を実現するような政策は、自民党政権においても民主党政権においても取られなかった。彼らにとって、数値目標の重みというのはそんなレベルなのである。

第二は、民主党政権の「一九九〇年比二五％減」だ。二〇〇九年八月に政権をとった民主党は、同年九月に鳩山首相(当時)が「二〇二〇年に温室効果ガス排出を一九九〇年比で二五％削減する」という目標を明言し、同月の国連総会で日本の目標として紹介した。二五％という数字は、国際社会が持つ共通目標と公平な負担分配を考慮した結果である。すでに国際社会は産業革命以降の温度上昇を二℃以内に抑えるという、いわゆる二℃目標に合意していた。一方、当時の最新のＩＰＣＣ第四次評価報告書などでは、二℃目標を達成するためには、公平な負担分配を考慮すると、九〇年比で二五～四〇％削減が先進国に求められる数値目標だとした。すなわち、民主党政権は、「先進国が担うべき負担割合」の下限値を選択した。それでも、政権交代前の二〇〇九年六月に麻生首相(当時)が発表した目標は「九〇年比八％減」だったので、環境ＮＧＯは大歓迎であった(筆者も単純に喜んだ)。

しかし、問題なのは、民主党の「一九九〇年比二五％減」が、「主要排出国が野心的な目標を持つ場合において」という条件付きであったことだ。おそらく官僚の誰かが入れさせたのだと思う。このいかようにも解釈できる文言を入れ込むことで、実質的に「一九九〇年比二五％

減」の否定をなし崩しにできるようにし、実際に否定した。

これについても、筆者の個人的な体験を紹介する。二〇一〇年に、研究者と政府関係者の両方が参加する小さな研究会が英国の大学で開催された。そこで、日本から参加した政府関係者が、「主要排出国が野心的な目標を持つ場合において、という条件は満たされていないので、日本は一九九〇年比二五%減というコミットメントを実質的には持たない」と発言した。筆者もそれなりに驚いたが、筆者以上に唖然としていたEUメンバー国の会議参加者の顔が忘れられない。本来であれば、「主要排出国が野心的な目標を持たないとはどういう場合を意味するのか」について議論があるべきだ。しかし、そのような議論は、少なくともオープンな場ではなされなかった。いずれにしろ、民主党の「一九九〇年比二五%減」は、言葉はきついかもしれないものの、日本国民と世界の人々の両方を欺いてきた数字と言えなくもない。

結局、「政治家や官僚の言葉は空疎」の一言に尽きる。対策や目標が数十年後のものであれば簡単にコミットする。理由は単純で、その頃には政治家自身が選挙の洗礼を受けないからだ。官僚も数年で異動する。一方、温暖化対策を遅らせたい人々は、とにかくコミットの先送りを考える。仮にコミットしても、実際にはコミットしなくてもよいような抜け道を巧妙に仕掛けておく。先送りに関しては、将来世代が何とかしてくれるという勝手な期待のもと、放射性廃棄物の問題などを先送りして原子力発電を推進してきた構図とまったく同じである。

グレタの怒り

このような現実を変えるために、自分は何かしなければならないと考えたのがスウェーデンのグレタ・トゥンベリだ(写真)。彼女は、二〇一八年八月、一五歳の高校生の時、温暖化問題の重要性と、それを(彼女から見れば)無視するようなスウェーデン政府に抗議するために学校を休み、ストックホルムの国会議事堂前で、二週間、毎日座り続けることを選択した。彼女の最初の行動は、"SKOLSTREJK FÖR KLIMATET"(気候のためのスクールストライキ)という小さなプラカードを壁に立てかけて、自分で文章を書いてコピーした十数枚のビラをこぶし大の石で飛ばないようにして地面に置き、道行く人から話しかけられたら話すという寡黙なものだった。

そのような彼女のひとりぼっちの行動が、Fridays for Future(FFF)という運動となって世界中に燎原の火のように広まった。二〇一九年一月には、ドイツでは三万人の中高生が、ベルギーでは一万二五〇〇人が、スイスでは一五の都市や町の学校で登校拒否が起きた。そして、世界中の若者に行動を呼びかけた二〇一九年三月一五日の金曜日には、一二五カ国で一六〇万人の子どもや若者たちが学校をサボった。

彼女は、世界の主要な政治家や経営者が集まるスイスのダボス会議でも講演し、TED Talkでの講演は、二〇一九年二月までに一〇〇万回以上視聴された。二〇一九年三月にはノーベル平和賞にノミネートもされた。これらすべてがたった八カ月の間に奇跡のように起こった。

彼女の主張は、①気候変動は人類にとってきわめて深刻な問題である、②しかし、今の大人たちは、何ら必要な対策をとろうとしない、③地球にやさしくしましょうとか、循環型社会を作りましょう、などの上っ面だけの言葉や対策では意味がない、④自分は、スウェーデン政府が、二℃目標と公平性を考慮した数値目標と言える「毎年一五％程度のCO_2排出削減」を打ち出さない限りストライキを続ける、などだ。

筆者が「彼女はすごい」と思ったのは、四番目の主張だ。これまでも、彼女のような若くて熱意がある活動家はたくさんいた。しかし、具体的な数値目標を論理的に自分の言葉で語れる人はほとんどいなかった。実際に、彼女が言う数字の意味するところを正確に理解して、真剣に考えている人は、日本でFFFや環境NGOに関わっている人の中でさえ少ない。メディアもほとんど伝えない。第1章でも述べたように、毎年CO_2排出量の一五％程度を削減するというのは、多くの日本の環境NGOが日本政府に要求している数値よりもはるかに大きい。それくらい、現実とパリ協定とのギャップ、あるいは日本の若者や環境NGOとグレタとのギャップは大きい（もちろん、日本の

2018年8月，スウェーデンの国会議事堂の前のグレタ．
(TT News Agency／アフロ)

若者や環境NGOは現実路線をとっているという評価も可能であるが)。

子どもたちだけでなく

FFFに影響を受けて、あるいは同時発生的に、大人たちも、Scientists for Future(未来のための科学者)、Parents for Future(未来のためのお父さんお母さん)、Grandparents for Future(未来のためのおじいちゃんおばあちゃん)などを結成した。日本でもScientists for Future Japanが作られて署名も集められた。

その中でも、一番、目立っているのがExtinction Rebellion(略称XR)だろう。「絶滅への反乱」と訳せば良いのだろうか。XRは、英国で二〇一八年一〇月に一〇〇名ほどの科学者、法学者、宗教者などによって設立された。グレタと同様に、政府による気候変動政策の強化を要求しており、現在は国際的な組織に拡大している。

二〇一九年三月九日、約四〇〇人のXRのメンバーが日本の永田町にあたるロンドンのダウニング街一〇番地で「血の中の子どもたち」と名付けたデモを行ない、失われようとしている子どもたちの命を示すために、赤い血のような色の液体を道路に流した。

二〇一九年四月一五日から一〇日間は、英国だけでなく世界中で集中行動が行なわれた。ロンドンでは、議会前広場やウォータールー橋、オックスフォード・サーカスといった街の中心の一部を封鎖した（写真）。また、手足を接着剤で道路や建物の壁に付けたり、電車の屋根に登ったりして、少なくともロンドンだけで一一〇〇人以上のXRメンバーが逮捕された。同時期、ニューヨークでは六二人が逮捕され、同様のアクションは、オーストラリア、ドイツ、トルコ、インド、デンマーク、カナダでも行なわれた。

2019年4月，ロンドンの繁華街であるオックスフォード・サーカスを封鎖したXR.
出典：Extinction RebellionのHP

彼らの主な要求は、①政府は、気候変動の重大性や対策の緊急性に関する真実を語る、②政府は、二〇二五年までにCO_2排出量をゼロにするための対策をとる、③温暖化対策の策定に市民が直接的に参加できる仕組みを作る、の三つである。また、彼らの戦略は、ⓐ非暴力を貫く、ⓑ一般市民やメディアに注目されて政治的なインパクトを持たせるために警察や機動隊に積極的に逮捕される、という二つだ。

これらは、ニューヨークのウォール・ストリート占拠運動、ガンジーの独立運動、マーチン・ルーサー・キングなどの草の根運動などからインスピレーションを得ている。とにかく、非暴力と行動の二つに力点を置いている。

彼らのもう一つのキーワードは、日本語で破壊や断絶を意味する"Disruption"だ。彼らは、モノは壊さない。しかし、道路を占拠したり、電車を止めたりすることは、いわゆる社会的秩序の破壊と言えなくもない。それに対する批判もたくさんある。それも大きなことなのだが、より重要なのは、私たちの心の中にある"comfort zone"(快適な場所)からの断絶を目的としていることだろう。言い換えれば、先進国に住む多くの人がぬくぬくと生きている閉じられた空間と、気候変動で文字通り壊れつつある現実の世界との間にある壁を破壊しようとしている。

XRにイデオロギーはあまり関係ない。暴力もない。小学生も中学生もおじいちゃんもおばあちゃんも参加している。その意味で、昔の学生運動や労働運動とはかなり雰囲気が違う。

立法や行政に対する幻滅

若者の行動と共に世界で「盛り上がっている」のが、司法を相手にする気候変動訴訟だ。コロンビア大学ロースクールのデータベースによると、二〇二〇年五月時点で、世界では一五〇〇以上の気候変動関連訴訟があり、その数は増え続けている。理由は簡単で、どの国でも多かれ少なかれ化石燃料会社やエネルギー多消費産業が政権の支持基盤となっているため、政策の急激な変更、すなわち野心的な省エネや再エネの導入が現実的には難しいからだ。ただし、三権分立が確立している民主国家であれば、司法が政府を動かせる可能性がある。様々な障害があるものの、国や企業が他国の企業や政府を訴えることが可能な国もある。

一方、企業は、裁判というかたちで法的責任を訴追される可能性があるだけでも大きなリスクとして認識する。短期的利益を追求するがゆえに、実際の経営や投資パフォーマンスに影響する可能性がある場合、リスク回避に敏感な企業は政府の対策や取組みとは段違いのスピードで対応せざるを得なくなる。

すなわち、裁判で国や企業の温暖化対策を変えることができる状況になっている。しかし、逆に言えば、多くの人が裁判でしか現状を変えられないと考えているということでもある。

実際に国が被告となって原告が勝訴した例としては、オランダの市民団体であるUrgenda（英語のUrgentとAgendaを組み合わせている）が「オランダ政府はより野心的な温室効果ガス排出削減数値目標を持つべき」と訴えた裁判がある。また、二〇二〇年一一月一九日、フランスの国務院（最高行政裁判所）が仏政府に対して、パリ協定の目標を達成できることを三カ月以内に証明するよう求めた。この裁判の原告は、ドーバー海峡に面したグランド・サント市と、当時市長だったダミアン・カレームEU議会議員（緑の党）である。彼らは二〇一八年にパリ協定の二〇三〇年目標に達するよう追加措置を取ることを政府に訴えたが、拒否されたため国務院に提訴していた。

オランダの裁判では、二〇一五年六月にオランダ・ハーグ地方裁判所が「オランダ政府は温室効果ガス排出削減を積極的に進めなければならない。具体的には二〇二〇年までに一九九〇年比で二五％削減する必要がある」という判決を下した。そして二〇一九年一二月二〇日、オランダ最高裁は、オランダ政府の上告を棄却した。

オランダでの判決で特に注目されるのは、「メキシコ・カンクンでのCOP16宣言に同意した国は二℃目標にコミットしているのだから、公平性に基づいた排出削減に関する行動を取る必要がある」と、二℃目標を明確に位置づけたことである。また、「気候変動に関する政府間パネル（IPCC）の四五〇ppmシナリオ（二℃目標が達成可能とされる温室効果ガス排出シナリオ）に基づいて、先進国は二〇二〇年までに温室効果ガスを一九九〇年比で二五～四五％削減する必要がある」と、科学的に信頼性のあるものとしてIPCCの第四次評価報告書の数字に全面的に依拠している。

さらに、「IPCCは公平な分担方法について複数の公平性に関する指標から検討し、その結果が二五～四五％という幅のあるものになった」と判決文では説明している。すなわち、特定の公平性指標が正しいとするのではなく、様々な公平性指標を用いて計算した結果の「先進国が義務として順守すべき排出削減必要量の幅」を重要な指標として示している。

オランダ政府（の弁護人）は「オランダの排出量は世界の〇・五％に過ぎない」とも主張した。

これは「一%問題」とも呼ばれており、似たようなロジックはどこの国でも聞かれる。基本的に責任転嫁の議論だ。しかし判決は、「各国は、共同および単独での排出の責任がある」として、このような主張を却下した。また、判決では「他の国に比べての排出量の多寡は、予防原則のもとに各国が持つ削減義務や責任には関係しない」「一人当たりの排出量の大きさや先進国であることを鑑みれば、オランダはより積極的な削減をする必要がある」とも明記した。

そして二〇二一年四月二九日、ドイツ連邦憲法裁判所は、ドイツの気候変動法の一部を違憲とする画期的な決定を下した。二〇三〇年以降の温室効果ガス削減に関する内容が十分でないとして、これを「未来世代の基本権侵害」と判断した。訴えていたのはドイツのFFFの若者たちやNGOであり、実は彼らにとっても予想外の展開であった(日本での裁判にも影響する可能性がある)。

政府だけではなく、石炭火力発電所や化石燃料会社などを相手にした訴訟も多い。化石燃料会社に対する訴訟は、一九五〇年代から始まったタバコ会社に対する訴訟と、その経緯や争点がよく似ている。懐疑論を流すという企業戦略もまったく同じだ。実際に、かつてタバコ会社に雇われた研究者もどきが化石燃料会社にも雇われて、「科学は決着していない」「科学者の意見は分かれている」という印象を一般の人の頭に刷り込むという仕事を任されている。

米国では、一九五〇年代から九〇年代頃までは、タバコ会社側がほぼすべて勝訴していた。

しかし、一九九〇年代後半頃から、内部告発や内部文書により、タバコ会社が健康被害や依存性について熟知しながら、それを隠して、故意に詐欺的な販売を継続してきたということが明らかとなって潮目が変わった。これと同様の嫌疑は、現在、まさに化石燃料会社にかけられている。それは、二〇一五年九月一六日付のInside Climate Newsという米国の非営利報道機関による"Exxon: The Road Not Taken"(エクソン：通らなかった道)というタイトルの報道記事がきっかけとなった。記事の内容は、「米国のエクソンモービル社において、社内の研究者が一九七〇年代から化石燃料使用による負の影響を幹部に知らせていた。しかし、幹部はそれを公表しなかったばかりでなく、逆に社会に対しては温暖化を否定するような温暖化懐疑論を意図的に広めていた」という事実を明らかにしたもので、米国では大きなスキャンダルとなった。その後、エクソンモービル社は、様々な訴訟や司法調査の対象になっている。

オランダ・ハーグの地方裁判所は二〇二一年五月二六日、欧州石油最大手の英蘭ロイヤル・ダッチ・シェルに対し、二酸化炭素(CO_2)排出量を二〇三〇年までに一九年比で四五%削減するよう命じる判決を出した。裁判所がパリ協定の順守を個別の化石燃料会社に命じたのは初めてであり、きわめて歴史的な意義がある。この判決で、気候変動訴訟でも潮目が大きく変わるかもしれない。

日本での石炭火力差止め訴訟

東日本大震災が起きた二〇一一年以降、日本では五〇基の石炭火力発電所新設が計画された。二〇二〇年一一月時点で、一三基は地元住民の反対や経営環境の変化を踏まえた事業者の判断によって、計画段階で中止が表明された。他方、三〇基以上が建設・運転に突き進み、うち一七基(四二五・七万kW)はすでに運転を開始した。さらに一七基(九九三・〇万kW)の石炭火力発電所が建設・計画中(大規模一四、小規模三)であり、二〇二〇〜二六年の間にそれぞれ運転開始予定で事業が進められている。

このように石炭火力を大規模に新設している先進国は日本だけだ。この状況をなんとか変えるため、世界の動きに刺激されて、日本でも気候変動訴訟が起こされた。仙台(民事訴訟)を皮切りに、神戸(民事訴訟と行政訴訟)、横須賀(行政訴訟)と、三カ所で法廷が戦いの場となった。以下は、筆者が当初は原告団事務局長として関わった仙台の裁判の状況である。

仙台パワーステーション(以下、仙台PS)は、仙台港に建設され、二〇一七年一〇月一日に正式稼働した。関西電力と伊藤忠系列会社の共同出資によるもので、発電規模は一一・二万kWである。環境アセスメントが必要となる規模が一一・二五万kW以上なので、誰がどう見ても環境アセス逃れと言える(このようなアセス逃れの小規模石炭火力の建設計画は、二〇一二年以降、日本全体で一九基あった)。

この仙台ＰＳに対して、筆者を含む地域住民一二四名が原告団を組織して操業差止めを求める裁判に踏み切り、二〇一七年九月二七日に仙台地方裁判所に訴状を提出した。立法や行政に期待できないなか、市民が法的手段によって事業者に対抗するものであり、単独の石炭火力発電所の操業に対する差止め訴訟としては日本初であった。

訴状の内容は、主に、①大気汚染による健康被害、②地球温暖化による被害、③仙台港近くにある蒲生干潟への悪影響、の三つであり、現在の学術研究の最先端を反映させた（訴状の大気汚染と地球温暖化のパートおよびその後の原告が提出した準備書面の大部分は筆者が書いた）。

大気汚染による健康被害では、疫学的知見から推算された長期曝露―反応（死亡リスク）関数、大気モデル、曝露人口などからなるシミュレーションモデルで、$PM_{2.5}$（大気汚染による健康被害の原因となる微小粒子状物質）と窒素酸化物（ＮＯｘ）による具体的な早期死亡数をフィンランドの研究者に委託して推算し、訴状に入れた（筆者の専門分野の一つである越境大気汚染の知見が役立った）。このように健康被害の恐れを明確かつ定量的に示すことで人格権の侵害を訴えている。

「なぜ被告だけが温室効果ガス排出などの責任を問われるのか？」という問いに対しては、①電気が余っている現状で首都圏に売電し（公共性なし）、②健康被害発生の蓋然性があるなかで（$PM_{2.5}$被害の深刻さは既知で、仙台ＰＳ近接地域は、米国やＷＨＯより緩い日本の$PM_{2.5}$環境基準を超える場合もあるレベルのバックグラウンド濃度）、③故意に稼働前アセス・健康調査をせず（加害責任の曖昧化)、④電力自由化便乗・自己短期利益最優先・住民無視・被災地感情無視のビジネスモデル(安い石炭で売り抜け)、⑤パリ協定遵守に不十分な日本の温暖化対策にさえ不整合(温暖化対策をほとんど考えていない)、という合わせ技のロジックで被告の責任を問うた。

二〇二〇年一〇月二八日に一審判決があり、原告の敗訴となった。同一二月二二日、筆者は弁護士なしで一人で控訴したが、二〇二一年四月二七日に、二審も敗訴となった。

仙台での判決の問題点

筆者は一審判決を、①原告の請求に対する認識の誤り、②科学的知見に対する認識の誤り、③温暖化問題への社会通念に対する認識の誤り、④専門委員(第三者として科学的知見を述べる専門家であり、本件では内山巖雄京大名誉教授が裁判所から任命された)意見に対する認識の誤り、⑤過去の判例や学説の無視、の五つの問題点が順に関連して不当な判決に結びつくという構造になっていると分析した(そのように控訴理由書に書いた。訴状、判決文、控訴理由書などはhttps://asukajusen.com/sendai_ps/からダウンロード可能)。

一審判決文では、「当該濃度予測に基づく数値は、飽くまで実測値を取得することができない場合に限り使用されるべき」とある。しかし、仙台PSによる大気汚染物質のPM2.5の拡散状況を示す実測値は存在しない(存在しないからシミュレーションを行なっている)。裁判官は、宮城県の数カ所における大気汚染物質濃度の観測値や年間値ではない観測値を「実測値」と間違って認識したように推察される。しかし、これらの数値は、自動車や他の工場などの多くの様々な大気汚染物質の発生源による排出が合わさったものであり、仙台ＰＳ単独によるＰＭ2.5の濃度拡散状況を示す実測値ではない。また、風向や温度などの変化が考慮された年間値でなければ、大気汚染による経常的リスクの大きさは判断できない。すなわち、裁判官は、実測値、観測値、シミュレーション、環境基準、排出基準などの科学的用語の意味を理解していない。

また一審判決では、「(原告が用いた相対危険、すなわち単位大気汚染物質あたりの死亡率上昇の大きさは)主として欧米の疫学調査から算定されたものであるから、具体的な検証が現実になされない限り当該数値を直ちに日本に当てはめることができるものとはいえない」と断言している。これもまったく科学的に間違っている。理由は、①最近は日本やアジア各国でも同様の疫学調査があり、たとえば、日本の岡山県に住む約七万五〇〇〇人を追跡調査した研究は、原告が用いた欧米での研究に基づいた相対危険の数値よりも高い相対危険の数値を示している、②原告が用いた相対危険の数値は、人種などの違いもある程度は考慮されており、別のモデルを用いて日本のＰＭ2.5による死亡者数を計算した研究も、ほぼ同等の相対危険の数値を用いている、③そもそも人種などの要素を考慮すると相対危険の数値は一～二割程度変化する可能性はあるものの、大きくは変化しない(人種が異なると人体影響も大きく異なると考える方が、Ｐ

M2.5の身体への作用機作を考えると医学的におかしい)、などであり、まったく非科学的な判断である。

一審判決は「日本全国と東北地方とでは死亡構造が大きく異なることは自明であり(中略)宮城県固有の死亡率を使用する必要がある」ともしている。しかし、最近のデータを見ると、宮城県と日本全国の死亡率の違いはほとんどない。

二〇一七年の英医学雑誌『ランセット(*Lancet*)』による地球温暖化の健康影響を調べるプロジェクトでは、日本では年間で人口一〇〇万人あたり九・七四人が石炭火力発電所由来のPM2.5によって死亡している。これから仙台PSによる死亡者数が簡単に概算できるが、これも裁判官は取り上げなかった。

一審の裁判長は、最初の期日に行なった整理で、温暖化問題と生物多様性問題を争点としないとした。そのためか、判決文の中に温暖化という言葉は一言も出てこない。すなわち、完全に無視された。一方、生物多様性に関しては、判決文の中で「自然環境が人類存続の基盤であることなどを踏まえると、社会通念の変化に伴って将来明確になる可能性は一応あるものの、現時点においては、少なくとも私法上の権利といい得るような明確な実体を有するものと認められるものではなく」と書いている。おそらく裁判官は、温暖化問題も生物多様性も、社会通念のレベルとして同じように(無視できるものと)考えていたと思われる。

二〇二一年四月二七日の二審判決では、人種や地域差に対する言及はさすがになくなっていた。しかし、PM2.5が環境基準よりも低い濃度状況におけるわずかな濃度上昇でも大きな健康リスクを持つことを裁判官には理解してもらえなかった。また実測値などに関しても誤解は残ったままであった。判決に対しては、専門委員の「PM2.5被害には閾値があるかどうかわからない」というコメントが大きな影響を与えた。確かに二〇一三年の環境省のPM2.5に関する委員会の結論はそのようなものであった。しかしその後、多くの研究成果に基づいて、WHO（国際保健機関）を含む多くの専門家は、PM2.5被害には閾値がなく、環境基準以下の低濃度における濃度上昇でも死亡率は上昇するとしている。そのような科学的知見の蓄積や変化を裁判官が理解することはなかった。さらに、電力は余っており、かつ首都圏に送るのに、仙台PSは発電所として公共性を持つという判決文の主張は明らかにおかしい。二審の場合、口頭で説明する機会や議論はまったくなく、裁判制度そのものに対しても疑問は残った。

このように、仙台での判決は、日本の裁判所の科学的知見に対する理解力や温暖化問題に対する認識のレベルを如実に示したものであった。すなわち、今のところ日本では、立法や行政だけではなく、司法もあまり期待できない。ただし、エネルギー・システムの分野では世界中で「革命」が起きており、それは日本にも影響しつつある。次章では、変化する世界と日本のエネルギー・システムの現状と課題について述べ、その背景を掘り下げて考察する。

第3章

エネルギー革命に乗ろうとしない日本

再エネ発展の歴史

ガンジーの言葉に、「あなたが何かを変えようとする時、誰でもはじめは無視される。次に嘲笑される。それから真剣に争いを挑まれる。そして最後にあなたが勝つ」というのがある。筆者の感覚では、日本のエネルギー転換や温暖化問題に関して、今私たちは、第二段階と第三段階の間、すなわちまだ嘲笑する人はいるものの、真剣な争いも挑まれている状況にあるように思う。ただし世界では、すでに第四段階に入っている国もある。以下では、簡単に再生可能エネルギー(再エネ)の発展の歴史を振り返る。

始まりは一九七〇年代だ。再エネに関心を持ち始めた人で、一九七七年に出たエイモリー・ロビンスの『ソフト・エネルギー・パス』の影響を受けた人は多い(写真)。再エネの可能性について書かれた本であり、日本でもベストセラーとなった。後から聞いた話なのだが、二年後の日本語訳の出版直後に著者ロビンスが来日した際、筆者の高校の同級生は、ギターを弾きながら彼を飛行場のロビーで迎えたらしい(今も昔も熱狂的な若者はいるということなのだろう)。そして、一九七〇年代後半から一九八〇年代の間、主に米国での技術開発や電力市場政策によって、再エネの商業化が進んだ。ちなみに、二〇一八年の来日時に筆者が会ったエイモリー・ロビンスはとても元気で、今でもアカデミックな論文を書いているのは敬服するしかない。

一九九〇年代には、米国のいくつかの州が、再エネに対する税額控除や電力会社に一定量の再エネ導入を義務付ける政策を始めた。日本は一九九三年に「ニューサンシャイン計画」という太陽光発電や風力発電に対する研究開発と補助金制度を開始した。一九九〇年にドイツでは、電力の固定価格買取制度(Feed in Tariff: FIT)が導入された。

このような揺籃期が過ぎた後の二〇〇三年から一二年は「再エネの高度成長期」と呼ばれている。この時期に再エネに対する投資額は年々増加し、二〇一二年には化石燃料や原子力発電への年間投資額を超えた。同時に、世界の再エネ発電量は原子力発電の二倍程度のレベルに達した。ちなみに中国は、二〇一二年に風力発電が原子力発電と同等の発電量を生み出し、風力発電事業や太陽光パネル製造などの分野で再エネ投資のグローバルなリーダーとなりつつあった。

エイモリー・ロビンスの『ソフト・エネルギー・パス』(室田泰弘・槌屋治紀訳，時事通信社，1979 年)

「高度成長期」を経て二〇二〇年の時点で、世界の発電インフラ投資の約八割は再エネであり、再エネが電力全体に占める割合も、二〇一九年には世界全体で二七％以上となった。特に太陽光と風力の導入量は著しく増加しており、デンマーク、ウルグアイ、アイルランド、ドイツの四カ国では、電力の三〇％以上が太陽光と風力による。

最も安い発電エネルギー技術に

導入量が増加すれば価格は低下し、価格が低下すれば導入量はさらに増加する。パソコンやスマホと同じで、いわゆるコモディティ(商品)化と呼ばれる現象だ。実際に、太陽光パネルは、小さく、薄く、軽く、柔らかく、効率よく、そして安くなっている。今の国際価格は一九七五年頃の価格の一〇〇分の一以下であり、二〇一〇年から二〇一九年の最近一〇年間でも価格は一〇分の一になっている(風力は三分の一、蓄電池は四分の一)。一方、原発の発電コストは最近一〇年間で一・五倍から国によっては二倍以上になっている。

米国の政府機関である米国エネルギー情報局(USEIA)は、毎年、米国での発電エネルギー技術の発電コスト比較を発表している。その二〇二〇年版では、再エネ(風力および太陽光)は原子力発電および石炭火力の半分以下になっている。このコスト比較は、毎年アップデートされる信頼性のあるデータとして、世界的な傾向をつかむ場合や投資判断によく参照される。国際エネルギー機関(IEA)の調査や報告書でも、すでに多くの国・地域で太陽光や風力が最も

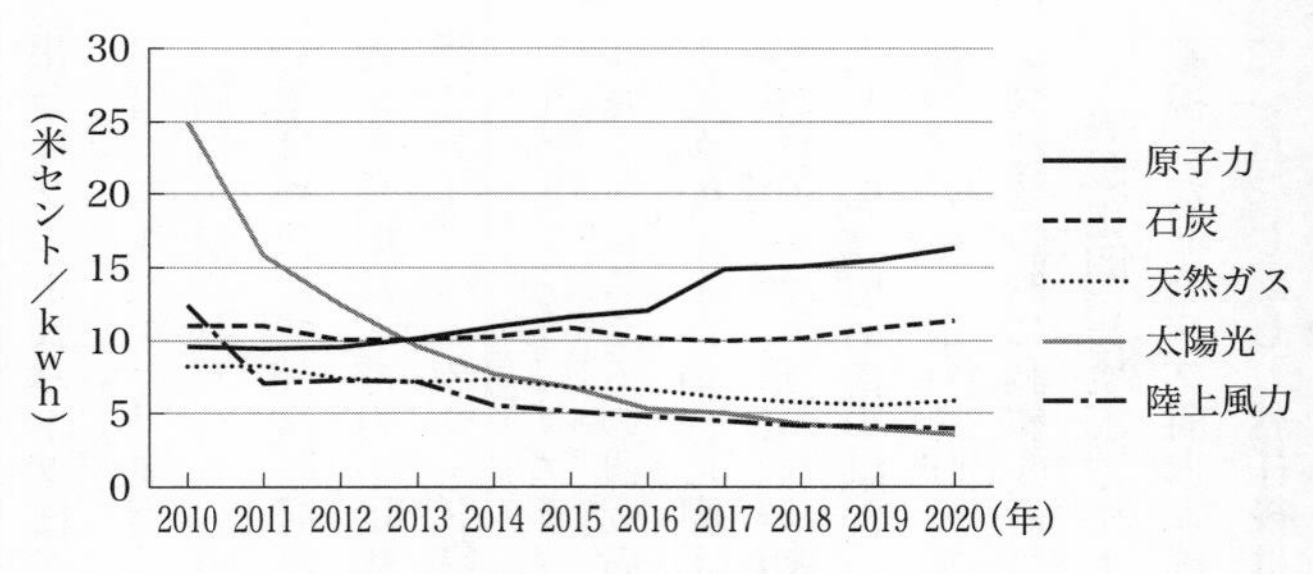

図 3-1　発電エネルギー技術のコスト比較
注：米国のエネルギー関連投資会社 Lazard の各年版データ(Lazard 2020 など)をまとめたもの．USEIA によるコスト比較と共に，信頼しうるデータとしてよく参照される．

安い発電エネルギー技術であり、国によっては、太陽光や風力の導入コストは、既存の石炭および天然ガス火力発電所の運転コストよりも安くなっている。

特に、原発の競争力は著しく低下している。前出のＵＳＥＩＡと同様に、毎年、各発電エネルギー技術のコスト比較を発表している米投資会社 Lazard は、米国で新しい原発の発電の二〇二〇年の平均コスト(初期建設コストと運転コストの両方を含むコスト)は一六三ドル／ＭＷｈとしており、これは、新しい風力や太陽光による発電設備の平均コスト(約四〇ドル／ＭＷｈ)のほぼ四倍である(図3-1)。

さらに原発にとって問題なのは、運転コストが再エネの平均コストと同レベルになりつつあることだ。二〇一九年に米国の平均的な原発の運転コストは、原発推進の米シンクタンクである Nuclear Energy Institute によると三〇・四一ドル／ＭＷｈであった。米国の情報会社ブルームバーグは、「米国の全原発の四分の一以上が運転コストを賄うのに十分な収益を上げていない」と推定している(二〇一八年五月二五日)。

価格が安くなった今、再エネに対する批判の矛先は、その変動性に向けられている。「風力発電は風任せで、常時発電は不可能。太陽光発電も、晴天の昼間しか発電できない。これらの再エネ発電は、電力不足解消の一助にはなるが、火力発電や原発などのバックアップ電源が必要であり、ベースロード電源にはなり得ない」といったような批判だ。

しかし、そのような批判や認識は間違っている。まずベースロード電源という言葉は、エネルギー・システムの研究者の間ではすでに死語だ。そもそも原発を含めたどのような電源にも、供給が停止した場合に備えて、バックアップなどの何らかの対策は必要である。また、太陽光や風力の場合、発電量の拡大と同時に、その変動する発電量の予測・管理技術が発達し、対策として広域での電力融通やデマンド・レスポンス(需要側の電力使用管理、第5章参照)も可能となっている。電力を貯蔵するバッテリーの価格低下も著しく、IoT技術を駆使して需給バランスを総合的に調整するビジネスモデル(アグリゲーター・ビジネス)が世界で拡大している。

「温暖化問題は中国によるホラ話」とツイートするような温暖化懐疑論者であり、再エネを敵視したトランプ前米大統領は、大統領就任当初は「石炭産業を取り戻す!」と威勢よく言っていた。しかし、就任後はどんどんトーンを落としており、二〇二〇年一〇月のバイデン現米大統領との第二回のディベートでは、「米国のCO_2排出量は減っている」とまでコメントしている。また、二〇一五年に当時のオバマ政権が導入したクリーン・パワー・プラン（CPP）という化石燃料規制の数値目標（二〇三〇年までに二〇〇五年比でCO_2排出を三〇％削減）を、トランプ政権下でも発電分野は一〇年前倒しで達成している。その背景には、冷徹な市場原理がある。すなわち、いくら政府が掛け声をかけて多少の補助金を出そうと、石炭火力は、その発電コストが再エネや天然ガスによる発電コストよりも高いので、根本的には競争力を持ち得ない。米国では、石炭火力は自然に淘汰されており、それは米国でのトランプ政権下でもCO_2排出量が二〇一八年から一九年にかけて約二％減少したことに如実に現れている。

IEAも変わった。もともとIEAは再エネの将来に関して楽観的ではなかった。実際に、IEAの再エネ導入量予測は常に過小であり、それを詳細に分析した論文も出ている。そのような過小評価の理由として筆者が関係者から聞いた話は、IEAは先進国政府からの出向組に権力を握られており、その出向組の母国の再エネ政策がIEAに影響を与えているからというものだ。証明することは難しいものの、さもありなんというところだ。

しかし、そのIEAのWorld Energy Outlook（世界エネルギー見通し）二〇二〇年版には、ファティ・ビロル事務局長の「太陽光発電が、世界の電力市場の新たな王になる（I see solar becoming the new king of the world's electricity markets.）という言葉が載っている。この毎年出されている

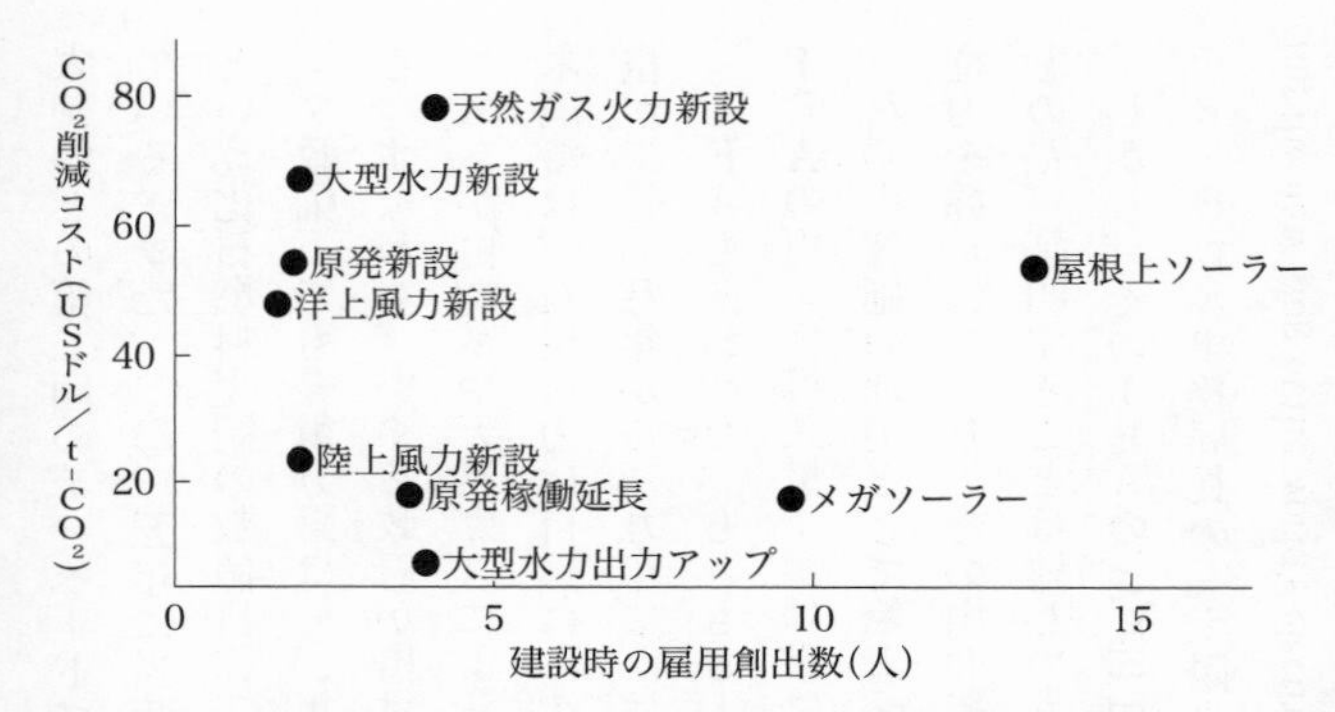

図 3-2　各発電エネルギー技術の雇用創出数と温室効果ガス排出削減コスト

注：同じ 100 万ドルを投資した場合．横軸が雇用創出数，縦軸が CO_2 排出削減コストをそれぞれ示す．

出典：IEA(2020)の図 2.3 を改変

World Energy Outlook は、世界における最新のエネルギー概況をまとめたもので、継続的に見ると、再エネや省エネに対する期待や評価が最近になって非常に高まっていることがわかる。

IEAは、コロナ禍からのグリーン・リカバリーやグリーン・ニューディールに関する報告書を多く出している。たとえば二〇二〇年七月に出したグリーン・リカバリーの報告書には、原子力と石炭火力よりも再エネや省エネの方が温暖化対策としてのコストは小さく、景気回復のための雇用創出効果は大きいことを示す図や文章がある(図3-2)。すなわち、再エネ・省エネによるエネルギー転換が温暖化対策としても経済政策としても合理的だとしている。これは、「原発が経済という意味でも温暖化対策という意味でもベスト」という日本政府の議論を真っ向から否定するものと言える。

無視される省エネ

再エネと同様に、あるいは再エネ以上に重要なのが省エネだ。それなのに、「日本は省エネ大国であり、これ以上の省エネは難しい」と考えている人は少なくない。確かに、一九七〇年代の石油危機後は省エネが進んだ。しかし、一九九〇年以降は、諸外国が省エネを進めるなかで、日本の省エネは停滞している。以下では、日本人に共通すると思われる省エネに関する典型的な誤解を紹介したい。

二〇二〇年六月一六日付『朝日新聞』のオピニオン欄において、作家の真山仁氏が「Perspectives：視線」というシリーズの一つとして温暖化問題に関する文章を寄稿している。ご存知のように、真山氏は『ハゲタカ』などの小説で知られており、私もファンの一人である。おそらく、基本的には原発に反対の立場であり、再エネの一つである地熱に強い思い入れを持っている(『マグマ』という地熱をテーマにした素晴らしい小説も書いている)。

真山氏は、スウェーデンの環境活動家であるグレタ・トゥンベリの言動を取り上げて、「CO_2は、人間が快適な暮らしをする限り、減りようがないからだ。グレタさんが活動する

日本の工場で見られる熱輸送配管における保温断熱材の劣化.
出典：判治(2014)

前から日本やヨーロッパは、涙ぐましいまでに省エネ対策を講じ、CO_2の排出を削減すべく、やるべきことはしてきたのだ」と書いている。しかし、この短い文章の中に、明らかな間違いが三つある。それらは、①人間が快適な暮らしをする限り、CO_2は減りようがない、②日本は涙ぐましいまでに省エネを講じてきた、③温暖化対策に関する真剣度で日本とヨーロッパ諸国は同等、という認識だ。

まず、①と②に関して実例を示そう。日本の製造工場の熱輸送配管の保温断熱材劣化(写真)によるエネルギー・ロスを、日本保温保冷工業協会は三%、(財)省エネルギーセンターは一一%とそれぞれ推計している。仮に三%としても、これは電力量換算で原発七基に相当する(『毎日新聞』二〇一五年八月一四日)。この保温断熱材の補修に必要な投資は、ほぼ数年で回収されうるものであり、快適な暮らしの断念や涙ぐましい努力が必要なものではない。

日本が省エネ後進国であることを、上記③の日本と欧州を同列に扱うという間違いとも関連づけて、具体的な数値で補足しよう。図3-3は、主要国のGDP(国民総生産)当たり一次エネ

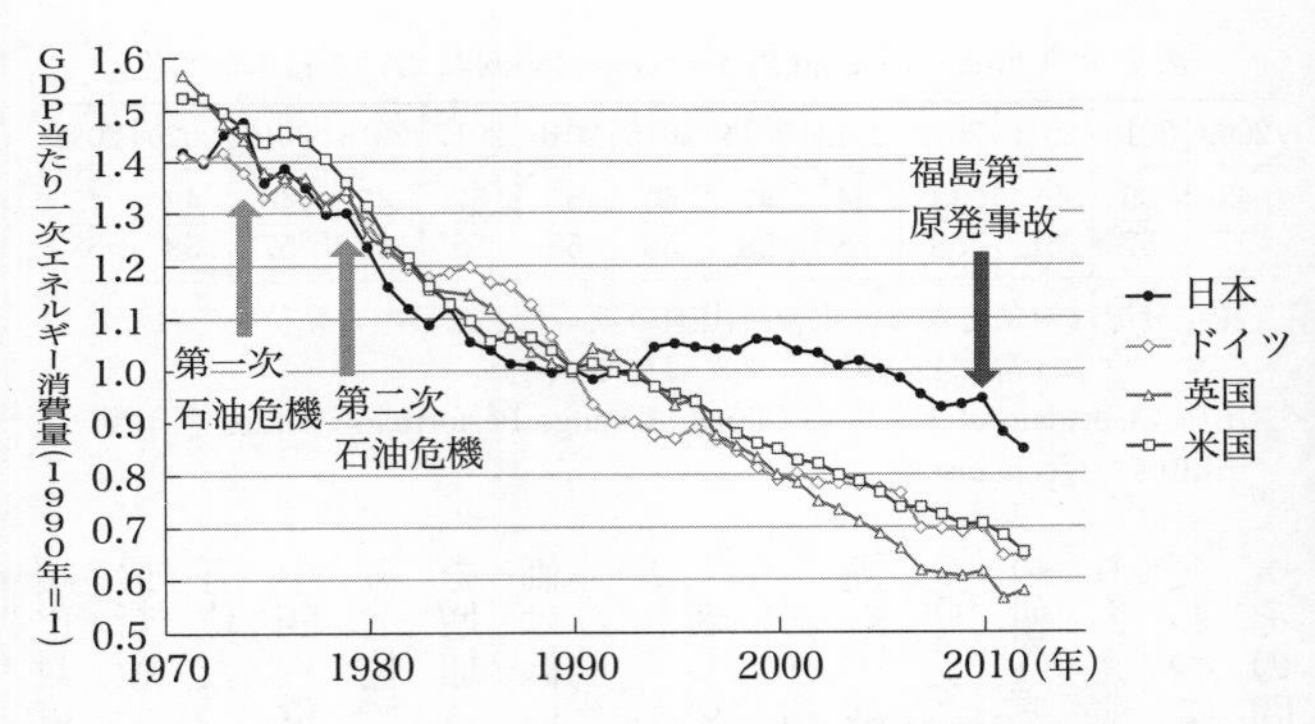

図3-3　GDP当たり一次エネルギー消費量の変化割合(1990-2012年)
出典：IEAのEnergy Prices and Taxes Statisticsなどから作成

ルギー(加工されない状態で供給されるエネルギーで、石油、石炭、原子力、天然ガス、水力、地熱、太陽光、太陽熱など)消費量の変化率を示す。一九七三〜九〇年でみると、日本でも大きく改善しているものの、他の先進国でもこれに近いレベルまで改善している。一方、一九九〇年以降で比較すると、日本の変化率(改善率)は先進国で最低に近い。

「日本は省エネ大国」と同様に、「日本は温暖化対策先進国」というのも、政府や産業界が流布した神話だ。確かに、日本は深甚な公害を克服し、一九九七年にはCOP3を京都で主催した。しかし、その後の温暖化対策は他の主要国と比べて見劣りする。たとえば、温暖化対策の国別ランキングを発表しているドイツのシンクタンク、ジャーマンウォッチは、世界五六カ国と欧州連合(EU)を対象に、一人当たり温室効果ガス排出量や再エネ割合など一四の指標を用いて総合的に温

表 3-1　Climate Change Performance Index における日本の順位

2009	2010	2011	2012	2013	2014	2015	2016	2017	2018	2019	2020	2021
43/57	35/57	38/57	43/58	44/58	47/58	50/58	55/58	57/58	47/57	46/57	48/58	45/58

注：分母は対象となった主要排出国の数，分子は日本の順位をそれぞれ示す．日本は常に下位グループに属している．
出典：Germanwatch e.V. の Climate Change Performance Index 各年版 https：//ccpi.org/

暖化対策のパフォーマンスを分析している。その結果、二〇二一年の最新版では、日本は五段階評価で最下位グループに入る五八カ国中四五位だった。二〇二〇年は五八カ国中四八位、二〇一九年は五七カ国中四六位、二〇一八年は五七カ国中四七位、二〇一七年は五八カ国中五七位であった(表3-1)。日本は、一九九〇年代から石炭火力発電量を増加させており、二〇一一年の東日本大震災の前から国際社会の評価は低い。

新しい社会のかたちと取り残される日本

グリーン・リカバリーもグリーン・ニューディールもエネルギー転換も、基本的には再エネと省エネの導入である(人によっては運転時にCO_2を排出しないという意味で原発を入れる人もいるが、筆者を含めて多くの研究者は、そのリスクとコストから合理的な選択肢とは考えていない)。とりあえず原発を無視した場合、再エネと省エネの導入で、世界はどう変わっていくのだろうか。そのメリットは何なのだろうか。

その問いに対する第一の答えは、「大規模集中・独占・トップダウン型」のエネルギー産業社会から、再エネと省エネ（エネルギー効率化）、そしてデジタル技術などを活用して自立した個人や地域を主体とする「ボトムアップで分散型」のエネルギー産業社会への転換だろう。その目的は、一人ひとりの安全・安心と経済発展をもたらす民主的で、かつ災害などに対する強靭性（レジリエンス）を持つ社会システムの構築である（二〇一八年の北海道胆振東部地震の際の北海道全域での停電も、大規模発電所が集中して立地していなかったら起こらなかったとされる）。

その大きな担い手の一つが、再エネ導入を推進しようとする、双方向の電気の流れを前提とした需給調整が可能なネットワークを構成するような市民・地域共同発電所であり、東日本大震災後、日本でも数は増えている。電力自由化によって、以前は参入できなかった市場により小さな発電事業者が参加できるようになったからだ。中小規模の発電事業者と電力需要家をデジタルでつなぐことで、それらのパフォーマンスを集合化するような業者も出てきている。彼らは電力市場に電力を販売し、系統を安定化させるために電力をエネルギー・システムに供給している。しかし、現在、政府は再エネ・省エネの導入を抑制するような政策を導入している。具体的には、再エネ電力の出力抑制や後述する石炭や原発などを温存する制度であり、特に後述する容量市場は大きなブレーキになる。

第二は、地方経済の活性化だろう。再エネ、特にソーラー・シェアリング（耕作地での太陽光発電をしながらの営農）や地域資源を用いたバイオマス発電などは、農山村部での安定した仕事を供給し、地域経済の活性化に貢献するという特徴を持つ。実際に、再エネが導入されると地域の雇用が拡大されることは定量的にも明らかになっている。たとえば、二〇一九年の地球環境戦略研究機関（ＩＧＥＳ）の研究は、その導入ポテンシャルの大きさから、特に北海道地域と東北地域で再エネ導入により雇用が拡大することを定量的に示している。また、京都大学と日立製作所が設立した日立京大ラボの宮崎県での実証研究によると、域外の既存電力施設からの電力供給に比べ、域内の再エネによる電力自給率が九五％の場合、地域社会の経済循環率が七・七倍向上することが明らかになっている。環境省の二〇一五年の調査によると、全国の自治体の九割は、エネルギー代金（電気、ガス、ガソリン等）の収支が赤字である。また、七割の自治体で地域内総生産の五％相当額以上、一五一の自治体で一〇％以上の地域外への資金流出が起きている。このような状況が省エネや再エネ導入の拡大によって大きく改善される。

第三は、平和国家の確立だ。実は、筆者はこの論点を外務省ＯＢの人から示唆された。歴史をひもとくまでもなく、多くの戦争の原因はエネルギーや資源を巡る争いだ。また、前述のように、地球温暖化は、難民発生や軍事的紛争の大きな一因あるいは拡大要因となっている。原発はテロ行為の標的にもなりうるし、その核兵器転用ポテンシャルから軍事的な緊張関係をエスカレートさせる。すなわち化石燃料・原発から再エネ・省エネへのエネルギー転換は、近代日本史上、初めてエネルギー・資源を海外に依存しない、クリーンで安全で持続可能な成長を実現する。それは安全保障環境を格段に強化し、日本は真の自主外交の展開によって、世界平和のため、自信と誇りを持って新しい役割を果たすことができる。

多くの国や企業がエネルギー転換によって産業構造や社会システムを変えようとしているなか、それに取り残された国や企業は生き残れなくなる。特に企業に対しては大きな影響がすぐに出る。具体例を言うと、現在、多くの国・企業が化石燃料への投資を抑制・停止し、RE100、すなわちサプライ・チェーン企業に対しても事業活動に用いるすべてのエネルギーを再生可能エネルギーにより調達することを要求している。このRE100には、アップル、グーグル、IKEAなど、二〇二一年一月時点で、二八〇の世界的な大企業がコミットしている。そのうちの一社から、二〇一八年に筆者は、「うちは二〇一七年時点でサプライヤーを含めて世界の九八%のマーケットでRE100を達成していた。実は、残されたピースは日本であった。最近になってようやく日本のサプライヤーがRE100になってくれて、やっと世界全体でのRE100が達成した」という話を聞いた。

すなわち、このままでは日本企業は世界企業へのサプライヤーになれず、世界から切り離され、製造業などが海外移転していく可能性もある。東芝のように、将来性がない古い発電技術に頼った日本企業は、多額の損失を抱え、経営困難に陥っており、エネルギー転換がなされない限り日本企業の国際競争力は喪失し、日本経済は停滞するのみである。一方、多くの国で最も安い発電技術となっている再エネや省エネは、前出のＩＥＡの報告書でも強調していたように、年間で数千万の持続的な雇用を生み、国全体と地域経済の両方の経済発展を実現する。日本の場合、第5章で詳しく述べるが、筆者が関わっている研究グループの試算によると、エネルギー転換によって日本で年間約二四五万人の新規雇用が創出される。

容量市場というブレーキ

もちろん、日本の政治家や官僚の中にも、再エネや省エネを積極的に導入しようと努力している人はいる。紆余曲折はあったものの、再エネ・省エネの導入を促進するような制度もある。その一方で、再エネ・省エネの導入を阻害させるような制度も実際に日本では多く存在する。すなわち、日本では、再エネ・省エネの導入に関しては、アクセルとブレーキの両方が踏まれている状況だといえる。そのブレーキとしては、原発などを優先するために再エネからの電気を抑制する出力抑制や送電線のコストの発電者負担などがある。そして、今、最も大きなブレーキになると懸念されるのが、すでに入札が行なわれ、二〇二四年から約一・六兆円という巨額のお金が動くことになる容量市場だ。

容量市場とは、太陽光発電などの自然変動に対する調整力を維持し、万が一の停電などを避けるという名目のために、将来必要となる電源設備の「容量」を確保するための市場のことを言う。従来の卸電力市場が発電した「電力量」(キロワット時＝kWh)を取引するのに対して、容量市場は発電することが可能な「容量」(キロワット＝kW)を取引する市場と定義される。

二〇二〇年九月一四日、政府は、容量市場の入札結果を発表した。約定価格(市場で売買が成立した価格)は約一万四一三七円／kWとなり、政府が定めた上限価格とほぼ同額になった。この価格と市場の大きさから導かれる金額(毎年約一・六兆円)を国民が負担することになる。約定価格は新設ガス火力発電の固定費を五割上回る水準であり、原発や石炭火力発電所などの既存設備を含めた全電源に適用される。

すなわち、今のままだと、国民が、毎年約一・六兆円という消費税の〇・八％増とほぼ同じ金額を、すでに投資回収を終えた既設の原発や石炭火力などに対して容量供出金として追加的に払うことになる。これは国民負担という意味でも、エネルギー転換に対するブレーキとして働くという意味でも非常に大きな問題である。

容量市場という言葉を知っている国民の割合は、ほぼゼロだろう。容量市場は、いまだに電力市場を寡占している大手電力会社が、国民が知らないまま、「将来に起きるかもしれない電力不足」という十分には検証されていない「脅し」のもと、自社が持つ既設の原発や石炭火力を維持するための資金を国民のポケットから新たに取り立てて、同時に競争相手である再エネ発電や新電力会社をつぶすための「最終秘密兵器」として政府に導入を要求したものである。それによる国民経済やエネルギー・温暖化政策への負のインパクトは計り知れない。以下は、その具体的な問題点だ。

第一に、すでに投資回収している原発や石炭・石油火力発電などに、発電能力を維持するためだけに、経過措置などを考慮しても一基(一〇〇万kW想定)あたり毎年約六〇億円が棚ぼた利益といえる実質的な補助金として供与される。

第二に、補助金支払いのために、平均家庭で月八〇〇円ほど電気代が上昇する。これは、政府や産業界が「日本の電気代は高いので低くすべきだ」と主張していることや、再エネ賦課金による電力価格値上げを問題視していることに矛盾する。

第三に、売電(小売)業者間の不公平が存在する。今の制度設計では、発電設備を持たず、売電価格に転嫁しなければ利益が大幅に減る新電力系小売業者と、発電設備を持つために同じ会社内で資金をやり取りすれば転嫁しなくても困らない大手電力系小売業者の両方が存在する。そして、再エネ導入を拡大しようとしている小売業者の多くが新電力系である。

このほかにも、過大な電力需要想定や温暖化対策との矛盾という問題もある。すでに容量市場を導入してしまった国や地域(英国や米国の一部地域)では、容量市場に対してレント・シーキング、すなわち「民間企業などが政府や官僚組織へ働きかけを行ない、法制度や政治政策の変更を行なうことで、自らに都合よく規制を設定したり、または都合よく規制の緩和をさせたりするなどして、超過利潤(レント)を得る行為」という批判がなされ、裁判にもなっている。日本の場合、政策決定プロセスも問題だ。政府は、傍聴可能なオープンなエネルギー関連の委員会などで議論されてきたと主張している。しかし、委員の人選は政府によるものであり、電力業界の関係者が多くを占めている。このような政策決定システムでは、国民の利益よりも業界の利益が優先される可能性が高くなるのは火を見るよりも明らかだ。

もちろん、停電や価格高騰を防ぐために、電力の需給バランスを安定させることは必要である。しかし、それには様々なオプションがある。最優先で実施すべきなのは、再エネ・省エネの普及、既存の地域間融通(ほかの電力管区からの電力融通)の利用、蓄電池などを用いた需要側管理、電力卸売市場の制度改革などである。発送電分離が不十分なまま現在のような大手電力会社の寡占状態が続くのであれば、その市場支配力から価格高騰は十分に起こりうる。このような対策を取らないまま、既設の原発や石炭火力を温存するためだけに、年間一兆円を超える国民のお金が大手電力会社のポケットに渡るのはどう考えてもおかしい。

石炭・原発に執着する理由

なぜ日本はここまで古いエネルギー・システムに固執するのだろうか。その最大の理由は、原子力発電を推進する利益集団（原発ムラ）も、石炭火力発電を推進しようとする利益集団（石炭ムラ）も、経済官庁、電力会社、大手重機メーカー、エネルギー多消費産業というまったく同じ組織や企業だからだ。互恵関係にある彼らは、大規模集中型の発電システムを構築して、固定資産や売電量を最大化する経済的インセンティブを持つ。実際に、一九七〇年以降、原子力発電を推進しながら一貫して石炭火力発電所を増設しCO２排出を増やしてきた。大型発電所を作れば作るほど儲かるので、省エネや再エネは「敵」でしかなかった。

以下は、いわゆる原発ムラの住人の本音を示していると思われる文章だ。これは、二〇二〇年五月二七日に、元原子力産業協会参事、元日本原子力発電理事の北村俊郎氏が「日本エネルギー会議」という、既存のエネルギー・システムの維持を支持する人たちが運営するブログに書いたコラムである。彼は、経歴からもわかるように、原発ムラの中心にいた人であり、コラムのタイトルは、ずばり「原発はなぜ潰れないのか」だ。

「さおだけ屋はなぜ潰れないのか」というタイトルのベストセラーになった新書がある。誰もが不思議に思っていることの内幕を明らかにした本で、結論は「単価は高く、費用はなるべく低く」ということのようだ。同じように再稼動の見通しの不透明な原発や長期間止まっている原発の新増設計画がいつまでも存在していることを不思議だとは思う人もいるはずだ。

結論から言えば、電力会社が原発を支えているたくさんの仲間を持っているから潰れないのだ。その仲間とは国策として原発を推進してきた中央・地方の政治家と経済産業省などの官僚、ビジネスとして参画してきた地元商工業者、原子炉メーカー、ゼネコン、工事会社、金融機関などである。もちろん原発のメリットを理解し支持する一般の方々も含まれる。さらに大手電力会社と売電契約を結んで電気料金を支払ってきた多くの消費者である。

日本の原発の半分を占める沸騰水型軽水炉はこの一〇年間止まったまま。経済性からすると原発は現在、大変厳しい状況にあるが、仲間たちが支えることで生き延びている。一般の企業で一〇年間も何も生産しない工場を維持しながら存続出来る企業はないはず。潰れないのは本来なら出せない費用を誰かが出しているからだ。

東京電力は福島第一原発の事故後も首都圏の電力供給の大半を行っており、さらに福島第一原発の廃炉もやってもらわねばならないから、国が特別に資金を貸して倒産させないでいる。おかげで日本原電や日本原燃が生き残れ、地元からも文句が出ていない。

他の大手電力会社は自由化後に新電力に徐々にシェアを奪われているがまだ若干の余裕はある。そこで、止まっている原発をそのうち稼動するから会計上、大きな資産と見なして計上している。この会計処理を公認会計士も経済産業省も株主も認めている。大きな資産は大きな償却費や運営維持費の発生につながり、消費者はその分高くなっている電気を買っているわけだ。

（中略）

何故、潰れそうな原発を支えているかと言えば、支えている仲間たちが原発に潰れてもらっては困るからだ。原発が運転可能な期間を残して潰れて（停止、廃炉）しまうと、大きな資産の償却不足が明らかになり、たちまち電力会社のバランスシートは危うくなる。そうなると株価は急落し、融資した金は不良債権化し、大株主であるとともに貸し手でもある金融機関や保険会社が大打撃を受ける。地元は大事な雇用や商取引を失う。政治家は選挙の支援者を失う。メーカーは仕事が減り設備が過剰になる。消費者は大手電力の危機的な経営状態によって電力供給の不安定というリスクを抱えることになる。それが恐ろしくて原発を資産から外せないでいるのだ。これは一種の粉飾であるが、経済誌などメディアも報道しないのは見て見ぬふりの仲間なのだろう。東芝の粉飾破綻や関西電力の会社ぐるみのガバナンス不全が思い出される。

このような状況はいつか破綻する。というのは一銭も稼がない原発を維持し続ければ、火力発電などのメンテナンスや設備更新が出来ずに発電や送配電が出来なくなり、再エネなど新規事業への投資に金が回らなくなり時代に合わせた新たな事業展開が不可能になるからだ。このままでは大手電力会社は動かない原発と心中することになる。どんなことがあろうと降伏は口に出せず国民を道連れに玉砕に向かった戦争末期の大本営と同じだ。

（http://www.enercon.jp/%E6%9C%AA%E5%88%86%E9%A1%9E/17319/　二〇二〇年一二月にアクセス）

日本エネルギー会議の紹介文によると、長く原子力発電の現場で実務に携わられた北村氏は、福島第一原発と第二原発のほぼ中間にある富岡町に自宅を建て快適なリタイア生活を過ごしていたものの、震災と原発事故で生活は一転、避難生活を続け、現在も自宅には戻れていないとのことだ。原子力ムラの人々の中で、彼のような本音を語る人は多くない。やはり福島第一原発事故からの一〇年が彼を変えたのだろうか。

原発が政府からの補助金頼みなのは世界共通だ。たとえば、二〇二〇年七月二一日、米国でハリウッド映画になりそうな事件が起きた。米連邦捜査局（FBI）による、オハイオ州下院議長を務めるハウスホールダー議員（共和党）など数人の収賄罪での逮捕劇だ。彼らの容疑は、二つの原発を経営する電力会社に補助金として二〇二六年まで毎年一億五〇〇〇万ドル（約一五八億円）、合計で約一〇億ドル（約一〇五〇億円）を州民の税金から払うという法案を通した見返りに、その電力会社から六一〇〇万ドル(約六四億円)の賄賂をもらったというものだ。FBIは、盗聴やメールの検閲などの一年以上にわたる様々な秘密捜査を行なった結果、州の下院議長という大物政治家の逮捕に踏み切った。

原発は温暖化対策というフェイク

原発の経済合理性が乏しくなるなか、日本政府や産業界が、昔も、そして今も、原発推進の理由、あるいは最後の頼みの綱としているのが地球温暖化対策である。日本では、民主党政権時代を含めて政府が主導して「原発は地球温暖化対策に必要」という神話を築き上げた。そのため、特に日本で長く脱原発運動に積極的に関わっていた人々の一部に、反原発ゆえの地球温暖化懐疑論者が少なくない。

二〇一八年七月三日に安倍政権(当時)が閣議決定した「第五次エネルギー基本計画」でも、地球温暖化対策のために原発を推進することが強調されている。その基本計画の中で、日本政府がお手本として賞賛しているのが英国である。なぜなら、脱原発を決めたドイツと違って、英国は原発を推進しながら、温室効果ガス排出も減少させているからである。

しかし、英国政府が原発を推進する背景は、それほど単純ではない。まず、英国では、原発ではなく、天然ガスへの燃料転換、省エネおよび再エネの普及などが温室効果ガスである

CO_2の排出減少に大きく貢献している。実際に、英国における原発発電量は、一九九八年に最大値を記録したあと、二〇一七年時点では約三割減少した。それにもかかわらず、同期間のCO_2排出量は約三割減少している。すなわち、原発の拡大がCO_2排出削減を実現したのではなく、化石燃料発電量の削減と再エネ発電量の増加がCO_2排出量の大幅削減をもたらした。

また、最近、英サセックス大学の一部門であり、世界の科学・技術政策研究やイノベーション政策のメッカとも言える科学政策研究所（SPRU）の研究グループが、「英国政府が原発を多額の補助金まで出して推進するのは、実質的に国民が払う税金や電気料金を使って核兵器産業を維持するため」という内容のレポートを発表した（Stirling and Johnstone 2018）。すなわち、原発推進は核兵器産業のためという趣旨である（これについては後述）。

地球温暖化対策が重要とする研究者の中では、原発推進者は少数である。たとえば、二〇一六年一二月、「世界の終末まであと何分」という終末時計で有名な*Bulletin of the Atomic Scientists*誌が「気候変動対策における原発の役割」という特集を組んでおり、そこに、「原発を推進する気候科学専門家」として有名なケリー・エマニュエル米MIT教授（ハリケーンの専門家）へのインタビューをまとめた論文がある。その論文の中で、エマニュエル教授は、「科学者の中で自分たちのような原発推進派は少数派であり、なおかつ環境保護論者の中でも原発推進派は少数派」とはっきり述べている。

ＩＰＣＣも、しばしば温暖化対策のために原発を推進していると誤解される。しかし、二〇一四年に公表された第五次評価報告書では、原子力発電などの特定技術の有無による二℃目標達成の費用の変化を定量的に示している。そこでは、原子力発電をフェーズアウトした場合でも、二℃目標達成の費用が大きく増大することはないことが示されている（IPCC AR5 WG3, Technical Summary, p.33, Fig.TS13）。その理由は、「利用できる低炭素の発電技術は複数あって互いに代替可能」（IPCC AR5 WG3, Ch.6, p.48）だからである。すなわち、原子力発電を推奨しているようなことは何も書いていない。

そして、これも前述のように、最近のＩＥＡの報告書には、「原発は、他の発電エネルギーと比較して、温暖化対策としてみたときのコストは高く、そのわりに雇用創出は小さい」というような記述がなされている。

実は、前出のエマニュエル教授は、自分や米国政府、特に共和党の人々が原発を推進する別の（本当の？）理由についても論文の中で正直に語っている。それは、「米国は（原発がなくても）なんとかなるが、途上国では増大する電力需要を原発でしか賄えない。その途上国は中国から原発を買おうとしている。これを西側諸国が黙って見ているのは良くない。中国よりも良い原発を作って中国製原発を凌駕する必要がある」というものである。「温暖化の科学に懐疑的な下院のジョン・テイラー議員が積極的に原発を推進している」とも述べて、共和党が原発推進なのは温暖化対策のためではなく、原子力の利用に関する米国の対中技術覇権維持のためであることを示唆している。すなわち、「温暖化対策のため」というのは本当の理由ではない。

英国家監査局の原発補助金批判

では、原発が温暖化対策のためでないとしたら、何のためにあるのか。消去法的に考えて残るのは、どう考えても、前述のような対中技術覇権維持であり、その背後にある核兵器開発しかない。以下では、発電エネルギー技術、とくに原発を議論する際には避けて通れない、しかし多くの人は避けて通る原発と核兵器との関係について述べる。実は、グリーン・ニューディールに関しても、それに原発を入れるか入れないかで、米国でもEUでも大きな議論がある。

まず、英国で実際に行なわれている議論を紹介する。

二〇一七年六月二三日、英国議会に直接報告する義務を持つ英国家監査局(日本の会計検査院に相当し、NAOと呼ばれている)は、英国南西部のサマセット州にあるヒンクリー・ポイントC原発の建設計画に関して、「英国政府は、不明瞭な戦略的利益のために、高リスクで高コストな発電プロジェクトを消費者および国民全体に押しつけている」という内容の報告書を発表した。ヒンクリー・ポイントC原発建設計画は、東京電力福島第一原発事故などを受けて安全対策を強化したことで、総事業費が当初予想の五倍である一八〇億ポンド(約二兆七〇〇〇億円)に膨らんだ。このため、当時のデイビッド・キャメロン英首相は、中国の原子力発電分野の国有企業である中国広核集団(CGN)から三分の一の出資を取り付けるとともに、政府支援の補助金一七〇億ポンド(約二兆五五〇〇億円)を提供することを決めた。同時に、政府が原発からの電気を電力市場価格の約二・五倍の固定価格で三五年間買い上げるスキームをまとめた。これに対しては、国内からの反発だけでなく、脱原発を進めるオーストリアとルクセンブルクの両国政府が、英政府の補助金取り消しを求めて、欧州司法裁判所に訴訟を起こした。

この英国家監査局が「不明瞭な戦略的利益」と呼んだものは何か? 実は、同じ英国家監査局の別の報告書がヒントを出している。英国家監査局は、二〇〇八年に出した英国の核抑止力や原子力潜水艦トライデントの具体的な建造計画などに関する報告書で、「将来の核抑止力プログラムの前提は、英国の原子力潜水艦産業が維持されることである。その原子力潜水艦産業を維持するための資金は、他の産業分野から補塡されることになるだろう」と書いている。

では、どこから補塡されるのか。英サセックス大学の研究グループは、前出の英国家監査局の二つのレポート、他の様々な文献、関係者へのインタビュー調査などから、「原子力の民間利用のために政府が払う補助金(最終的には電力消費者や国民が電気料金や税金として払う)が、核兵器産業への間接的な補助金になっている」という結論を導き、報告書を発表している。すなわち「不明瞭な戦略的利益」とは、「英国の核兵器産業維持」だと主張している。

サセックス大学研究者グループの結論は、英国政府の緊縮財政によって核兵器産業に対しての予算や保護の縮小が予想されるなか、英国の原子力潜水艦産業に関わる人々の様々な「素直な」証言によっても支えられている。たとえば、原子力潜水艦の中に装備される原子炉を製造するロールスロイス社は、実際に、「核兵器製造に関わる技術力の開発と維持に関わる負担を削減するために、英国は民間での小型の発電用原子炉開発を進めるべきだ」と提言している。

また、英国の核兵器産業が業界として出したレポートでも、「原子力潜水艦製造と民間での発電用の原発建設との相乗効果を重視し、民間と国防のそれぞれに関わる原子力関係労働者間の流動性を高めるべき」としている。すなわち、非核三原則を持つ日本とは違って、核兵器を持つことが国是となっている英国では、核兵器産業が積極的に「本音」を語っている。サセックス大学のレポートは、この原子力の軍事利用と民間利用との協働関係によって、①見かけ上の軍事費削減、②軍事支出項目の一部削除や精査の回避、などが核兵器産業にとっての便益だと指摘する。

世界を見れば、過去においても現在においても、原子力の民間利用と軍事利用が密接な関係を持っているということは厳然たる事実だ。まず、プルトニウム239のように核兵器に必要な核分裂性物質を製造するための唯一の効果的な方法は、小型であろうと商業規模であろうと、原発で培われた技術である。また、原発におけるウラン濃縮用の燃料サプライチェーンは、高濃縮ウランのような核兵器製造に用いられる材料の主な供給源である。さらに、トリチウムのような様々なタイプの熱核兵器製造に必要な材料は、原発による発電の副産物である。これらの「物質的なつながり」だけでなく、教育・研究などの人材育成、そして核兵器製造プログラムに関連する様々なプラットフォームやインフラ構築において、原発産業と核兵器産業の協働は不可欠なものになっている。

実際に、核兵器保有国である米国やロシアでも、政府関係者が原子力の民間利用が軍事利用に貢献することを明確に述べている。また、英サセックス大学のレポートは、①カナダ、ドイツ、スウェーデン、スイスのように、今では原子力の民間利用のみを進めている国も、初期は核兵器の野心を持っていた(その後の政策的転換で核兵器を放棄した)、②アルゼンチン、バングラデシュ、ブラジル、日本、南アフリカ、韓国を含む現在の非核兵器保有国の表向きには原子力の平和利用を建前とした核開発計画の歴史の中にも、核兵器製造の野心を見いだすことができる、と指摘している。

米国は、より明確に、原発と核兵器を結び付けている。温暖化懐疑論者であるトランプ前米大統領やリック・ペリー前米エネルギー長官は、石炭火力と原発に対する補助拡大を試み、その理由として「安全保障(national security)」という言葉を使っていた。この言葉には、送電網のレジリエンスや信頼性に資するという意味のほかに、米エネルギー省の文書などでも明確に記述されているように、核兵器、原子力潜水艦、核不拡散、ウラン濃縮、燃料供給および国際的なパートナーとの交渉などの、米国における軍事的なものを含めた原子力関連全体の施策やインフラを維持するためには民間の原発が必要不可欠という主張が込められている。しかし、このような米エネルギー省による石炭火力と原発の特別な保護政策に対しては、米連邦エネルギー規制委員会（FERC）が公平性や経済合理性の観点から反対した（『電気新聞』二〇一八年一月三一日）。

日本は核兵器を作れるか

日本はどうなのだろうか。これは、古くて新しい問題であり、特に最近は、原発推進側の研究者やメディアが、「日本は核兵器を作れない」と主張する傾向がある。しかし、議論は錯綜しており、各主張に矛盾も垣間見える。筆者の感覚では、この問題は数年おきに話題となり、はっきりした結論や共通認識が形成されないままに議論は終わる。そしてまた数年後にぶり返す。ある意味では、原発の推進・反対にかかわらず、深く議論すること自体がタブーになっているようにも思う。とりあえず最近の議論を追ってみよう。

二〇一八年七月二七日付の『日本経済新聞』で、日本原子力学会の会員で東京大学教授の岡本孝司氏は、「日本が保有するプルトニウムは燃料以外に使わないよう管理されているとともに、国際原子力機関（IAEA）の厳しい査察などもあり、日本では原爆への転用は困難」という議論を展開した。また、明確に原発推進というスタンスを持つ『産経新聞』は、社説などで、「日本の原発で使われている軽水炉の使用済み核燃料からはプルトニウムが取れるが、原爆に適した兵器級プルトニウムであるプルトニウム239の比率は低い。日本の原子炉級プルトニウムでは、どんなに頑張っても本格的な原爆は造れない」という論陣を張っていた（たとえば、二〇一八年六月二七日社説）。

しかし、同じ『産経新聞』が、二〇一七年九月一七日付朝刊で、一九九四年に第一次北朝鮮核危機の最中の羽田孜内閣で官房長官を務めていた熊谷弘氏へのインタビュー記事の中で、「政府が造れと言うのであれば三か月で造れます」と防衛関連企業幹部が答えたという話を載せているから、よくわからなくなる。

さらに、『産経新聞』と同じく原発推進というスタンスを持つ『読売新聞』は、二〇一一年九月七日の社説で「日本は原子力の平和利用を通じて核拡散防止条約体制の強化に努め、核兵器の材料になり得るプルトニウムの利用が認められている。こうした現状が、外交的には、潜在的な核抑止力として機能していることも事実だ」と、核抑止力として機能していることを認めている。『日本経済新聞』（二〇一三年一〇月三〇日）も、一九七四年のインドの核実験を受け、核不拡散政策を強化したカーター米政権が、日本の外交当局に対して、原子炉級プルトニウムで核兵器は製造できるとの見解を伝達していたことが、二〇一三年一〇月三〇日に公開された外交文書で明らかになったという記事を載せている。

議論が混乱している理由は、核武装論者は原発から核兵器が作れないと困る一方で、それほど核武装にこだわらない原発推進論者は、核兵器転用の話を持ち出すと原発推進にマイナスになると考えるからだろう。

いずれにしろ、恐らく、技術進歩により、原子炉級プルトニウムであろうがなかろうが、プルトニウムは核兵器の材料にはなりうる、というのが世界の専門家の合意である。内閣府原子力委員会の岡芳明委員長も、原子力委員会が発行するメルマガ（二〇一八年七月二〇日号）で「民生用プルトニウムで核爆弾ができないと思っているのか」と米国人にからかわれた経験がある」と書いてある。すなわち、原子炉級プルトニウムでは、本格的な核兵器は作れないかもしれないものの、本格的ではない核兵器であれば作れるということなのだと考えられる。だからこそ、米国のトランプ前政権下においても、核不拡散の観点から日本が保有するプルトニウムの削減を求めており、日本政府は保有量の増加を抑える上限制（キャップ制）を導入して米国の理解を求めようとしている（『日本経済新聞』二〇一八年六月一〇日）。第五次エネルギー基本計画にも、二〇一八年七月三日に閣議決定する直前に「プルトニウム保有量の削減に取り組む」という一項目が急遽入った。

いずれにしろ、原子炉級プルトニウムによって原爆のような核爆発装置ができることや、プルトニウムは厳重な管理が必要であることに関しては国際社会において合意がある。すなわち、日本が「原子炉級プルトニウムで核武装することはできない」と主張しても、それをすぐに国際社会が信じることはない。さらに、日本で兵器級プルトニウムを作成することも技術的には可能であり、現在でも研究開発用のプルトニウムは保有している。すなわち、日本が核兵器を作成する能力や材料を持つこと自体を否定することは難しい。

日本は核兵器を作る意思があるか

次の問題は、日本は核兵器を作る意思があるかである。この問題を巡る議論も錯綜している。国民全体の総意としては、日本が核兵器を持つことには否定的であろう。しかし、日本の政治家、官僚、メディアなどの、少なくとも一部は、過去においても現在においても肯定的である。

歴史を振り返ってみると、まず一九五四年、日本で最初の原子炉関連予算を策定した中曽根康弘元首相(当時は衆院議員)は、その提案説明で「原子力兵器を使用する能力を持つために原子炉を設置する」と述べたとされる。

また、一九九八年、当時の大森政輔内閣法制局長官は、参議院予算委員会(六月一七日)において、「核兵器の使用も我が国を防衛するために必要最小限度のものにとどまるならばそれも可能である」と発言している。

さらに、二〇一〇年に外務省が検討する目的からまとめた文書の中には、それまで極秘だった一九六九年の外務省の内部文書「わが国の外交政策大綱」が取り上げられ、その中に、かつて日本政府が核武装を検討していたことを認める記述がある。

二〇〇二年五月一三日、安倍晋三前首相（当時は官房副長官）が、「小型原子爆弾であれば憲法上は問題ない」と、早稲田大学での講演で発言している。

最近では、二〇一一年の福島第一原発事故後、自民党の石破茂氏（当時は政調会長）が「日本は原発を放棄すべきではない。原発を持っているということは、一定期間内に核兵器を製造することができ、抑止力になり得るから」とメディアなどで発言している。

そして、二〇一二年に制定された原子力規制委員会設置法の第一条（目的）では、その最後に「（原子力規制委員会は）国民の生命、健康及び財産の保護、環境の保全並びに我が国の安全保障に資することを目的とする」（傍線筆者）という一文が入っている。また、原子力基本法第二条「基本方針」にも、同じく「安全保障」という文言が書き加えられた。これらの一連の動きは、プルトニウムを保有することで潜在的な核抑止力を持つという政府の意思が現れていると読み解くことも可能である。この文言付加が問題なのは、内容と共に、国会などでの議論もなく、国民が知らぬ間に、まさにこそっと入れ込まれたことである。

もちろん、国民の総意も一部の政治家や官僚の影響力というのも、共に曖昧なものである。法律の文章も玉虫色で曖昧である。この問題に関してはすべて曖昧である。まさに曖昧なままにするのが日本流なのだろう。そもそも核抑止力自体が曖昧である。なぜなら、核保有国が増えつつある現状を見れば、核兵器を持っていても、あるいは核兵器を持ったり作ったりする能力があったとしても、実際の世界における核拡散を止めるような抑止力としては働いていないからである。また、今、核兵器という意味での最大の懸念は、世界の政治経済システムを壊してしまおうという組織による核兵器の製造・使用である。そのような人々は、どこの国が核を持っているかいないかに関係なく使うだろう。つまり、核兵器は、本当は何も抑止していない。

原発と核兵器との関係の話に戻すと、「どの程度の核抑止力になるかどうかは別にして、また核拡散の話も措いといて、仮想敵国が核兵器製造にも役立つ原発を持つのであれば、とりあえず自分たちも原発を持っておこう」というのが、新たに原発を導入しようとしている国や原発を維持しようとしている国の本音の最大公約数的なところかと思われる。

何がフェイクか

本章では、前半で再エネ・省エネの分野で革命的な変化が起きていることについて述べた。後半では、日本がその革命に乗り遅れている現実および理由について、多少掘り下げて考察した。特に、原子力の民間利用（原発）、原子力の軍事利用（核兵器）、地球温暖化対策という三つの間にある誤解やねじれを解きほぐすことを試みた。筆者の問題意識は、原発の経済合理性がなくなるなか、①日本政府が地球温暖化問題を本当は真剣に考えていないのに、地球温暖化対策という名目を利用して原発を推進しようとしている、②日本政府が賞賛する英国のエネルギー政策の内情が日本の市民には十分に伝えられていない、③「核抑止力としての原発」という論点を政府は覆い隠し、エネルギーや温暖化問題の研究者も正面切っては議論しない、という三つに対する反発である。

エネルギーや地球温暖化の問題に関しては、既得権益を持つ人々の抵抗は凄まじく、その戦略は緻密である。それは彼らが失う権益の大きさを考えれば納得もする。権益には様々あるが、たとえば、Climate Policy Initiative（CPI）という研究機関は、二℃目標シナリオが実現されれば化石燃料会社は二〇三五年までに約一兆米ドル（約一〇五兆円）を失うと試算している。したがって彼らは、背景情報を隠蔽し、地球温暖化懐疑論などのフェイクニュースを流し、組織的に様々な「神話」を構築する。そこでは、個人的利益、企業益、省益、そして国益がしばしば意図的に混同されて曖昧なままに議論され、技術的あるいは安全保障的な話がさらに関わると、一見、より複雑になる。多くの市民がどう判断して良いかわからなくなるのも無理はない。

しかし、誰が最も大きな経済的利益を得るか、という観点で整理すると、何がフェイクで、何がフェイクでないかを理解するのは難しい話ではない。なぜなら、フェイクニュースや神話を構築することによって巨大な経済的利益を得るのは、①経営資産としての化石燃料や原発を使い続けたいエネルギー産業、②化石燃料を原料とする鉄鋼業や大型の発電用タービンなどを製造するメーカー(いわゆる重厚長大産業)、③軍事的覇権競争によって巨大な利益を得る軍産複合体、④前三者を支持基盤とする政治家や官僚、の四つの利益集団だからである。そして、多くの場合、彼らは相互に深いつながりがあり、人としても企業としてもダブっていて、核武装必要論者とも関係している。

そのようななかで、地球温暖化問題の存在や影響力はきわめて小さい。利益共同体である彼らは、化石燃料の消費減少を回避するために地球温暖化問題をより矮小化する。そのために地球温暖化懐疑論を流す。その一方で、原発を推進する場合にのみ、名目として地球温暖化問題を利用する。それによって多くの人が騙され、地球温暖化対策のためなら原発もしかたがないと思ったり、地球温暖化問題自体が嘘だと思ったりする。

しかし、本章で述べたように、英国で温室効果ガス排出が減少した主な理由は原発ではない。また、英国政府が原発を推進する理由は、完全な証拠を提示するのは不可能であるものの、英サセックス大学の研究グループが主張するように、軍事戦略的な要素がある可能性はきわめて高い。したがって、英国のエネルギー・温暖化政策の中の「原発推進」という表面的な部分だけを賞賛し、英国のエネルギー・温暖化政策の重要な柱である「脱石炭」や原発推進の裏にある核兵器産業保護という実情を日本国民の目からわざと隠している日本のエネルギー基本計画は、その意味でフェイクだと言える。

第4章

グリーン・ニューディールの考え方および具体的内容

サンライズ・ムーブメント

二〇一八年一一月一二日夜、全米に散らばるサンライズ・ムーブメントのメンバーがワシントンの議会近くの教会に集まった。この時点では、メンバーの数人しか集会の目的や具体的なアクションの内容を知らなかった。理由は、事前に情報が漏れることを恐れたというよりも、そもそも何人集まるかがわからなかったし、メンバーそれぞれに逮捕される覚悟があるかどうかもわからなかったからだ。

次の日、二五〇人以上の若者が民主党の大物で下院議長であるナンシー・ペロシの議員室の机の上に彼らが書いた手紙の入った封筒をドサッと置き、そのあと座り込んで部屋を占拠した（写真）。すべての封筒の表書きには「親愛なる民主党議員の皆さま　あなたのプランは何ですか？」と書かれており、封筒の中には、気候変動で失われるかもしれない、大切な人の写真や手紙が入っていた。占拠した若者の多くが一〇代であり、一〇歳以下もいた。そのうちの五一人が、「あなたは一人ではないよ」という歌声のなか、一人ひとりプラスチックの手錠をかけられて議事堂警察に逮捕・連行された。

彼らが要求したのは、①民主党指導部の全議員が化石燃料会社からの寄付を拒否する、②米下院でグリーン・ニューディールの議論を深化させるためのグリーン・ニューディール特別委員会を設立する、の二つであった。ペロシ議員室を選んだ理由は、彼女が下院議長で民主党の実力者であると同時に、その気候変動に対する考え方が今一つ煮え切らないものだったからだ。①の要求に対しては、当時は上院議員、今は副大統領のカマラ・ハリスなどがイエスと答えた。②は、気候危機特別委員会と名前は変わったものの、下院に正式な委員会として設置された。

ペロシ議員の部屋を占拠したサンライザーたち．
出典：サンライズ・ムーブメントのHP

サンライズ・ムーブメントは、二〇一五年に共に一〇代であったサラ・ブレゼヴィッチとヴァルシニ・プラカシュの二人が始めた政治団体である（日本風に言うとNPO）。当初の目標は、二〇一八年の中間選挙で再エネ推進派の議員をなるべく多く選出することであった。この設立してわずか五年の組織が、ペロシ議員室占拠事件で一躍有名になり、今は、米国で最も政治的な影響力のある環境政治団体になっている。同時に、彼らが着ていたお揃いのTシャツに書かれていたグリーン・ニューディールという言葉も一挙にバズワードになった。

世界で起きている若者のアクションは、しばしばスウェーデンのグレタ・トゥンベリが始めたように報道される。しかし、それは間違いだ。若者による活動は、同時発生的に世界中で起きており、グレタの前から多くの若者がアクションを起こしていた。シンクロニシティと言える部分もあるし、SNSやメディアによって世界が小さくなっていることも確かだろう。グレタも、彼女のアクションは米国での銃規制に対する若者のアクションが参考になったと述べている。おそらく地球の内部にあるマグマがふつふつと熱量を増やしていて、その熱が蒸気になって同時多発的に各地で吹き出しているような状況だと思う。

本章では、まずグリーン・ニューディールについて、言葉の由来から始まって、誰がどのような文脈で使っていて、どのような政治的な意味合いを持っているアジェンダかなどについて俯瞰的に説明する。次に、米国を中心に、EU、韓国、中国など各国における具体的なグリーン・ニューディールの内容を紹介する。最後に、各国のグリーン・ニューディールに共通に見られる要素について述べる。

グリーン・ニューディールの誕生

グリーン・ニューディールという名称は、多くの方のご想像通り、一九二九年の世界大恐慌を克服するために当時のフランクリン・ルーズベルト米大統領が行なったニューディール政策に由来している。グリーンとニューディールをくっつけた造語であり、様々な人から様々な提案が出されている。基本的な柱は、すでに述べたように再エネと省エネの導入拡大による景気回復（雇用拡大）と温暖化防止である。そうは言っても、経済、雇用、温暖化防止に対する比重は人によって異なり、財源の調達法や背景にある政治・経済的思想も様々である。再エネ導入はきわめて大きな位置を占めており、ルーズベルトのニューディールは農村の電化が大きな柱だったことを考えると歴史の綾として興味深い。

以下では、関西学院大学の朴勝俊教授らの論文（朴・長谷川・松本二〇二〇）を参考にして、グリーン・ニューディールの歴史を振り返る。

グリーン・ニューディールには時期的に二つの波があった。第一の波は、いわゆるリーマン・ショックがあった二〇〇八年頃だ。まず同年七月に、「経済と環境のメルトダウンから世界を引き戻す」ための政策集として、英国の The Green New Deal Group という研究者や実務家からなる組織が "A Green New Deal" という文書を発表した。このあと、二〇〇九年三月には国連環境計画（UNEP）が "Global Green New Deal" を発表し、世界のGDPの一％にあたる七五〇〇億ドル（約七九兆円）を、建物のエネルギー効率向上、再エネ、持続可能な交通、水・森林などの生態系インフラ、有機農業等の持続可能な農業、の五分野に投資することが重要だとした。当時のオバマ米大統領のエネルギー・温暖化政策も「オバマのグリーン・ニューディール」と言われた。しかし、それらは十分には実現されず、二〇〇九年一二月にはコペンハーゲンでのCOP15の決裂もあり、二〇一〇年に入ると温暖化問題への関心は徐々に薄れていった。以降グリーン・ニューディールのブームも一旦下火となった。

実は、グリーン・ニューディールの前には、「グリーン成長(Green Growth)」という言葉もあった。また、開発経済学ではよく使われる「後発性の利益」や「エコロジー的近代化(ecological modernization)」という考え方も、広義ではグリーン・ニューディールと同じようなカテゴリーの言葉だ。前者は、「リープ・フロッギング(leap-frogging:カエルとび)」とも言われ、途上国は先進国の開発経験や技術情報を活用することによって、より急速に高度な発展段階に(カエルとびで)到達できるとする考え方である。後者は、環境問題を意識した工業生産における技術の近代化や経済発展を意味する概念として使われる。

すなわち、すべて環境と経済との関係を意味するもので、要は「環境と経済は対立的なものではない」というメッセージを持つ言葉だ。筆者は環境経済・政策学会という学会に属しているが、環境経済・政策学という学問も、環境保全がいかに経済的にもメリットがあることを様々な理屈をつけて定性的・定量的に示すものと言っても過言ではない。うまく行ったかどうかは別にして、筆者も、それをずっとやってきた。

その意味では、この時のグリーン・ニューディールは、いわば「環境と経済の両立」という昔から言われているものの焼き直しに過ぎないとも言える。そして、特定の研究者や国際機関がそのような提案をしても、少なくとも二〇〇九年頃は、筆者も含めて多くの人は「前にも聞いたような……」「建前としてはわかるけど……」というような反応だったと思う。

それに、すでに「グリーンなんとか」という言葉は巷にあふれていた。また、往々にして、このような言葉は、社会に対する大きなインパクトを持たないまま、ただ消費されて消えていく。「エコ」「地球にやさしい」など、販売促進のためのマーケティング用語になってしまっている場合もある。最近では、ＳＤＧｓもそのような側面は否定できないように思う。第一波の時は、グリーン・ニューディールもそのような域を出なかった。

第二波の特徴

しかし、二〇一八年以降の第二波は、第一波とは大きく違った。世界の状況が大きく変わり、特にジャスティスの部分がきわめて大きくなった。背景にあるのは、①格差や失業の拡大、②気候変動の深刻化、③気候変動による格差の拡大、④気候変動対策による格差の拡大、⑤コロナ禍、⑥ブラック・ライブズ・マター（ＢＬＭ）などの様々な差別反対運動、⑦再エネの発電コストの急激な低減、という七つの現実である。

最初の①の格差や失業の拡大は説明を要しないだろう。世界的に、持つ者と持たざる者のギャップは大きくなっており、失業率、特に若者の失業率はどこの国でも高止まりしている。②も、第1章で述べたように、異常気象は異常ではなくなっている。

③と④の気候変動および気候変動対策による格差の拡大に関しては、説明が必要かもしれない。米国のグリーン・ニューディールについて解説したGalvin and Healy (2020)は、格差などの問題が気候変動対策やグリーン・ニューディールと関係する、あるいはシナジーを持つ理由として、ⓐ貧富の格差が大きいほど二酸化炭素(CO_2)排出が大きい(貧富の差が大きい国は一人当たりのCO_2排出も大きく、富裕層への課税強化と貧困層への再分配が国全体のCO_2排出を減らすという研究結果がある)、ⓑ大企業、特にエネルギー多消費産業のCO_2排出が大きく、かつ大きな利権を持つ彼らの政治的影響力が大きい、ⓒ気候変動対策の多くが低所得者の利益になる、ⓓしかし、気候変動対策の一つであるカーボン・プライシング(炭素の価格づけで、具体的には炭素税あるいは排出量取引制度(後述)の導入)は逆進性を持つため、導入の仕方を間違えると低所得者層により大きなマイナス影響を与え、フランスのイエロー・ベスト運動のような反対運動に発展する可能性もある、ⓔ女性、若者、非白人、先住民の失業問題がより深刻であり、グリーン・ニューディールはこの問題の解決に貢献する、などを挙げている。すなわち、格差や大

企業支配を減らすことが結果的にCO_2の排出削減につながり、逆に、格差を考慮しない気候変動対策は失敗するということだ（炭素税収の低所得者への一律還付など、カーボン・プライシングの逆進性を解消するような方法はたくさんある）。

そして言うまでもなく、⑤のコロナ禍は格差と失業をさらに拡大した。したがって、グリーン・ニューディールでは、富の再分配や貧困者対策、たとえば雇用保障プログラムやベーシック・インカム（ＢＩ）などが盛り込まれる場合もある。

⑥のＢＬＭ、ジェンダー、先住民、ＬＧＢＴＱに対する差別反対運動は、ジャスティスという共通点を持つことで気候変動に対するアクションとの連帯が強まっている。すなわち、気候変動でアクションを起こしている人がＢＬＭなどのアクションに参加するようになり、逆に、ＢＬＭなどのアクションに関わっている人が気候変動のアクションに関わるようになっている。広がりを持つという意味で、グリーン・ニューディールは一つの政策というよりも、公共的な政策決定の際の指針となる「ガバニング・アジェンダ（指導的課題）」（ヴァルシニ・プラカシュ）とされる。様々な生きづらさをなくし、逆に多くの人に新しい生きがいを与えるための考え方のフレームワークとも言えるかもしれない。

⑦の再エネ、特に太陽光と風力の発電コストの急激な低減は、グリーン・ニューディールを「単なる精神論」から「経済合理的な産業政策」に変えた。

このような第一波と第二波との違いに関して、第一波は「(保守的な)ケインズ主義的・企業優先的・テクノクラート的・改良主義的・資本主義的」、第二波は「ラディカル・革命的・反帝国主義的・社会主義的」と政治哲学的に分析し、後者が社会にとっても温暖化対策という意味でも好ましいとする主張もある。しかし当然、このような主張は「夢物語」「米国人が忌み嫌う社会主義」「アメリカン・ライフスタイルの否定」と、保守や右派からは格好の攻撃対象となっている。また、少々単純すぎる分析でもある。

オカシオ＝コルテスとサンダース

アレクサンドリア・オカシオ＝コルテス(Alexandria Ocasio-Cortez)、略称ＡＯＣ。二〇一八年、ニューヨークに住む当時二九歳の彼女は、米国における最年少の下院議員となった。彼女の父親は彼女が大学生の時に病気で亡くなり、母親は清掃係で生計を立てていた。生まれ育ったブロンクスに多いプエルトリコ系の移民であり、マンハッタンのタコス料理店でウェイトレス兼バーテンダーの仕事をしている時に弟が推薦したことで、下院議員の民主党指名選挙に立候補することになった。結果は、民主党の大物を倒しての当選で、英『ガーディアン』紙は「近年のアメリカ政治史における最大の番狂わせの一つ」と報じた。その時、彼女はまだ大学の学生ローンを返していた。その後、中間選挙で共和党候補を破って下院議員に当選した。

ヒロインという言い方が適切かどうかはわからないものの、サンライズ・ムーブメントに参加した若者にとって、彼女は少なくともスーパー・スターであった。ナンシー・ペロシ議員室占拠前夜と当日の両方に彼女は参加し、机の上に立ち上がってサンライザーたちを鼓舞した。

二〇一九年二月、オカシオ＝コルテスは、民主党連邦上院議員のエド・マーキーとともに、有力大統領候補であったエリザベス・ウォーレンらを含む、民主党の連邦議員九四名の支持を取り付けて、「グリーン・ニューディール」という名称の決議案を提出した（写真）。これを見て、筆者を含めて多くの人が、ひょっとしたらアメリカが変わるかもしれないと期待した。

エド・マーキー議員と共に「グリーン・ニューディール決議案」を提案したアレクサンドリア・オカシオ＝コルテス議員.（ロイター／アフロ）

決議案の内容は、グリーン・ニューディールの定番と言える再エネ関連インフラへの投資拡大と化石燃料に依存する経済社会システムの転換である。二〇三〇年までにエネルギー需要の一〇〇％をクリーン・エネルギーで賄うなどの数値目標を持ち、雇用、格差などの問題と連繋させている。彼女がナレーションを務め、アーティスティックな作りになっているグリーン・ニューディール紹介ビデオ（"A message from the future" 未来からのメッセージ https://theintercept.com/2019/04/17/green-new-deal-short-film-alexandria-ocasio-cortez/）は、二〇二一年二月時点で八〇万回以上視聴されている。

もちろん、この決議案に対する批判は多くあり、日本風に言うと、前出の動画は炎上した。動画が流された直後には、たくさんの批判動画がYouTubeにアップされた。一番の批判は、数値目標の実現可能性に関するものであり、この目標に対しては研究者からも議論があった。また、雇用、健康保険、最低賃金などの、一見、エネルギーの問題と関係なさそうな論点を持ち出していることに対する批判も多かった。結果的に、ほとんど審議されないまま共和党が多数派を占める上院で否決された。

筆者は、ニューヨーク在住のジャーナリストの知人にオカシオ＝コルテスの「人となり」について聞いたことがある。答えは、「Sassy、つまり機転が利いて、何を言われても負けずにうまく返す」であった。彼女は、将来、大統領選挙に出馬することも公言している。

オカシオ＝コルテスと同様に、若者の圧倒的な支持を得ているのがバーニー・サンダース上院議員だ。二〇一六年と二〇二〇年の両方の大統領選で、彼は民主党の指名を最後まで争った。二〇二一年一月のバイデン米大統領の就任式で、他の参加者はドレスアップして着飾っているのに、一人だけ普通の防寒ジャケットに大きなミトンの手袋をしている写真が話題になるなど、人気は衰えていない。

彼をYouTubeで検索すると様々な動画が出てくる。筆者が好きなのは、議会で温暖化懐疑論者であるジェームス・インホフ議員(オクラホマ州選出の共和党上院議員で石炭産業が支持基盤)と議論している動画と、一九九一年の湾岸戦争への派兵に反対する動画の二つだ。前者に関して、日本で温暖化懐疑論者と一時間以上も議論できる政治家を筆者は知らない。後者では、聴衆である議員が一人しかいない議場で、彼は延々と派兵反対の演説をしている。ジェームズ・ステュアートが汚職を訴えるために何時間も演説する政治家を演じたフランク・キャプラ監督の映画「スミス都へ行く」(一九三九年)とそっくりである。

サンダース議員は、二〇一九年八月、詳細なグリーン・ニューディール案を発表した。二〇三〇年までに電力と輸送を一〇〇%再エネで賄い、二〇五〇年までに経済の完全な脱炭素化を達成するというきわめて野心的な目標を掲げている。一〇年間で一六・三兆ドル(一七一二兆円:年間一七一兆円)という文字通り桁違いの予算規模もサンダース案の特徴である(表4-1)。

後述するように、多額の投資を必要とするグリーン・ニューディールは常に財源を問われる。彼のグリーン・ニューディール案は、一五年かけて収支のバランスをとるものになっており、具体的な財源および調達額を明らかにしている。それらは、①化石燃料への補助金廃止、化石燃料企業への課税、汚染者への罰金や訴訟で三兆八五五〇億ドル、②石油輸送ルート保護

分　類	項　目	費用(10億ドル)	種類
公正な移行	新たな仕事，年金，5年間の賃金保障など	1300	国内
	炭鉱労働者の塵肺症に対する基金	15	
	リスクの高い労働者のための訓練局	＜1	
	化石燃料採掘場の浄化	100	
	スーパーファンド敷地の浄化	238	
	遺棄された工業用地の浄化	150	
的を絞った地域経済開発	アパラチア地域委員会	3	国内
	デルタ地域機関(Delta Regional Authority)	1	
	デナリ委員会(Denali Commission)	＜1	
	北部国境地域委員会	＜1	
	経済開発支援プログラム	2	
	悪影響を受けたコミュニティのためのインフラ	130	
社会的セーフティネット	低所得世帯エネルギー支援プログラム(LIHEAP)の拡大	25	国内
	みんなに学校給食を	216	
	補完的栄養支援プログラム(SNAP)の拡大	311	
持続可能な農業と農業者支援	エコ・再生可能農業	410	
	土壌に炭素を留めるための農業者支援	160	
	R&D：新規農業技術および種子	1	
	農地保全	25	
	農機農業	1	
	アメリカのための地域エネルギー・プログラム	1	
	起業直後や苦境の農業者に対する支援プログラム	＜1	
	先住民族の土地アクセス・拡張プログラム	1	
	農業者訓練・支援プログラム(FOTO program)	1	
消費者を地元の農家と健康な食料に結びつける	ビクトリー芝生・庭園イニシアチブ	36	国内
	協同組合やコミュニティが所有する食料雑貨店	15	
	地元での食料加工(屠殺場や酪農場を含む)	31	
	農場での加工およびファーマーズ・マーケット基金	＜1	
	食料回収・堆肥化プログラム	160	
	総費用	16364	

出典：Galvin end Healy (2020)．和訳は朴勝俊関西学院大学教授による．

表 4-1　サンダース議員のグリーン・ニューディール案

分　類	項　目	費用（10億ドル）	種類
再エネ・省エネ	再生可能エネルギー	1520	国内
	エネルギー貯蔵技術	852	
	スマートグリッド	526	
	建築物の断熱	2180	
	低所得コミュニティの電化	964	
公共交通	公共交通利用者数を 2030 年までに 65% 増加	300	国内
	地域高速鉄道	607	
航空・運送	輸送用トラックをすべて置き換え	216	国内
	輸送の完全脱炭素化	150	
電気自動車（EV）	新規の電気自動車補助金	2090	国内
	自動車下取り補助金	681	
	電気自動車充電インフラ	86	
	通勤・通学用電気バスへの補助金	407	
低炭素経済のための R&D	R&D：エネルギー貯蔵（Storage Shot イニシアチブ）	30	国内
	R&D：電気事業者のコスト引き下げ	100	
	R&D：運送・航空の脱炭素化	500	
持続可能で強靭なコミュニティのための国際的リーダーシップ	グリーン気候基金（国際的排出削減）	200	外国
	気候正義・強靭化基金（Climate Justice Resiliency Fund）	40	国内
	海面上昇に対する適応（adaptation）	162	
	森林火災に対する消防	18	
	米連邦緊急事態管理局（FEMA）危険除去援助プログラム	2	
	ブロードバンド・インフラ改善	150	
大気と水の汚染防止	天然水系の回復（WATER 法による）	35	国内
	緑のインフラと公共用地の保護	171	
	土地・水系保護基金に対する資金提供	1	
	国立公園維持管理の未処理分をなくす	25	
道路や橋，上下水道インフラ	道路：国営高速道路	75	国内
	道路：輸送ニーズの掘り起こし	2	
	交通ネットワークの修繕	5	
	移動インフラの修繕・更新	636	
	新規インフラの強靭化	300	

関連の軍事費削減で一兆二一五五億ドル、③再エネ電力の販売で六兆四〇〇〇億ドル、④再エネ事業拡大などによる二〇〇〇万人の新規雇用に対する所得税で二兆三〇〇〇億ドル、⑤二〇〇〇万人の新規雇用により、現在の失業支援プログラムの一兆三一〇〇億ドルを節約、⑥富裕層と大企業へのさらなる課税で二兆ドル、などである。

このような大幅な財政支出に対しては、ハイパー・インフレを引き起こすという批判も出る。しかし、前出のGalvin and Healy (2020)は、①課税額や戦時中の国債発行額の規模を考えればハイパー・インフレの可能性は小さい、②抵抗が大きいのは富裕層課税であるが、その負担率は六〇年代、七〇年代における米国での富裕層の負担率と同じレベル、と主張して、サンダース案を経済的にも合理的と評価している。

バイデンのグリーン・ニューディール

二〇二一年、米国でバイデン大統領が誕生した。予想外の接戦となり、筆者はひやひやしながら開票を見守っていた。エネルギーや温暖化問題に関わってきた研究者としては、感慨深いというよりも、勝ってくれてホッとしたというのが正直なところだ。そのバイデン新大統領は、選挙公約で、トランプ前大統領が遅らせた時計の針を元に戻すだけでなく、さらに先に進めることも約束していた。そのため、多くの米国の環境NGOの評価も「これまでの大統領候補としては最も野心的かつ急進的」というものであり、その意味で期待値はきわめて高い。「温暖化は中国政府によるウソ」と公言していたトランプ前大統領は、政府文書から温暖化という言葉を抹消させた。一方、バイデン大統領は早速、政府を横断する組織として「ホワイトハウス環境正義委員会」を新たに設置した。また、「環境・自然資源部」という部署の名前を「環境正義・自然資源部」に変えるべきという提案もしている。後述する気候変動に関する大統領令では、環境正義という言葉が二四回出てきている。すなわち、環境(environment)という言葉のあとに必ず正義(justice)という言葉を付け加えさせている感さえある。

バイデン大統領がオバマ政権で副大統領を務めていた時、彼にとって温暖化問題は優先順位が高いアジェンダではなかった。したがって、サンライズ・ムーブメントなどの若者にとってバイデンよりもサンダースの方が圧倒的に好ましい大統領候補であった。しかし、逆にそのことによってバイデンは、自分が大統領になるためには若者の支持が不可欠であり、その若者の大きな関心事が温暖化問題であることを理解した。したがって、バイデンが温暖化問題を重要なアジェンダとして持ち上げたのは当然であり、副大統領候補に選んだハリスも温暖化問題には熱心で、オカシオ＝コルテスと共に環境正義を強く訴えていた(彼女は環境がらみの企業訴訟に多く関わっていた)。そのような戦略の効果が若者の投票率や支持率の上昇に現れて、大統領選挙の勝利につながったと言える。実は、バイデン大統領自身は、急進左派と批判されがちなサンダース上院議員とは一定の距離を置く戦略をとっており、トランプ前大統領とのディベートでは、「自分はグリーン・ニューディールを支持しない」と言ったことがある。しかし、それは、「(極左と思われている)サンダースとは違う」ということを主張したいがための発言であり、バイデン案も十分にグリーン・ニューディールであった。

そのバイデン案のポイントは、①二〇五〇年に国全体の温室効果ガス排出実質ゼロ、②二〇三五年に電力分野の温室効果ガス排出実質ゼロ、③四年間で二兆ドル(約二一〇兆円)の投資による雇用創出およびジャスティスの達成、の三つだ。

①の二〇五〇年排出実質ゼロは、二〇二〇年一〇月に日本の菅首相が掲げた目標とほぼ同じである。おそらくバイデン大統領の公約と中国の習近平主席の国連演説(二〇六〇年実質ゼロを表明)を意識しつつ、菅首相も発表したのだろう。②の二〇三五年電力分野での排出実質ゼロというのは、今の日本の環境NGOが日本政府に要求している数字よりも野心的かつ急進的である。なぜなら、日本の環境NGO提案の多くは、二〇三〇年に電力分野の再エネ割合を四〇～五〇%にするというものだからだ。③の大型投資とジャスティスは、いわばバイデン案の目玉であり、財政拡大や先住民、非白人、貧困者、若者、女性、子どものサポートを重視する民主党の政策に沿っている。

バイデン大統領は、政権発足後、エネルギー・温暖化問題に関わる左記のチームを作った。

ジョン・ケリー：気候変動担当大統領特使（上院議員。京都議定書の時から温暖化交渉に関わる。二〇一〇年に排出量取引制度導入の法案も作成）
ジーナ・マッカーシー：国内気候政策局長（女性：新しく設置された省庁横断的な組織。彼女はオバマ政権時の環境保護局（EPA）長官）
デブ・ハーランド：内務長官（先住民で女性：今回の人事で最もジャスティス重視を体現した人事として若者やNGOから好評）
ジェニファー・グランホルム：エネルギー長官（女性：ミシガン州の元知事・司法長官。再エネ推進に積極的）
マイケル・リーガン：環境保護局長官（アフリカ系：元ノースカロライナ州環境局長）

ご覧の通り、陣容は多様性に満ちており、省庁横断も徹底している。サンライズ・ムーブメントは事前に彼らが閣僚に推薦する人物リストを発表しており、デブ・ハーランド内務長官などその要求の一部は取り入れられた。これを知って、思わず筆者は、日本で若者を中心とするNGOが政府の閣僚人事に口出しできるようになるのはいつのことだろうかと思ってしまった。

二〇年ほど前、筆者が米環境保護局を訪ねた時、対応した職員三人がすべて女性で驚いた経験がある。日本では考えられなかったからだ。今は日本でも女性の官僚は増えたものの、まだ少数であり、エネルギー・温暖化政策が非省庁横断的であるのもまったく変わっていない。

二〇二一年一月二七日、バイデン米大統領は、公約通り、気候変動に関する大統領令に署名した。大統領令の内容は以下のようなものであった。

- キーストーンXLパイプライン敷設を不許可
- 国有地での新規の石油・ガス採掘を停止
- 化石燃料への補助金を廃止
- 温暖化問題を外交と安全保障の最重要課題と設定
- 国内気候政策局を設置(省庁横断的な組織)
- 二〇三五年までに電力をゼロエミッション
- UPS(郵便)を含め、政府関連の自動車をクリーン・ゼロエミッション化
- 政府調達でグリーン技術の普及促進
- 二〇三〇年までに洋上風力を二倍に拡大
- 国土の三〇%を保全地域に指定
- 石炭火力発電所コミュニティの経済活性化に関する省庁間ワーキンググループ(石炭火力発

電産業に従事する人々の雇用転換に関する省庁横断の検討会)を設置

• ホワイトハウス環境正義委員会を設置(省庁横断的な組織)
• 温暖化対策の連邦予算の四〇%を先住民や貧困者などが住む地域に投入
• 二〇二一年四月二二日(国際アースデー)に首脳会議開催
• 国家情報長官に気候変動影響報告の作成を命令
• Civilian Climate Corps(市民気候変動部隊)を設置

この中では、「キーストーンXLパイプライン敷設を不許可」と「国有地での新規の石油・ガス採掘を停止」の二つが環境NGOからは賞賛され、化石燃料会社からは悲鳴があがった。カナダから石油をネブラスカ州まで運ぶキーストーンXLパイプラインは、オバマ政権時に敷設不許可となり、それをトランプ前大統領がひっくり返した。さらにそれをバイデン大統領がひっくり返したことになる。両政策とも、企業や州が連邦政府を訴えることは確実とされる。

実は、サンライズ・ムーブメントのペロシ議員室占拠が生み出した気候危機特別委員会は、二〇二〇年六月三〇日に"Solving the Climate Crisis: The Congressional Action Plan for a Clean Energy Economy and a Healthy, Resilient, and Just America"(クリーンなエネルギー経済と健康で強靭で公正なアメリカのための議会アクションプラン)という報告書を発表している。温室効果ガス排出量を二〇三〇年に二〇一〇年比三七％削減、二〇五〇年に二〇一〇年比八八％削減という数値目標を掲げており、主にＰＭ2.5排出削減などにより、二〇五〇年までに年間推定六万二〇〇〇人の早期死亡が回避可能で、二〇五〇年までに、健康と気候の累積的便益は約八兆ドル、二〇五〇年だけでも健康と気候のベネフィットは一兆ドル以上になるとしている。この報告書がすごいのは、その質と量である。全部で五三八頁ある報告書は、筆者が今まで見た同様の報告書の中では最も詳しく、かつカバーしている分野や事象が多い。政策もかなり具体的に書かれており、バイデン新政権は、この報告書に書かれた内容をもとに法律を作っていき、それを実施することがタスクになると予想される。

二〇二一年三月三一日、バイデン米大統領は、八年間で二兆ドル（二二〇兆円）超のインフラ投資案を発表した。「米国雇用計画（American Jobs Plan）」と名付けられ、①コロナ禍からの復興をめざす経済・雇用対策、②脱炭素に向けた環境政策、③中国との軍事・経済競争を意識した産業政策、の三つの柱からなる。

もちろん、気候変動対策のための規制導入や法改正は容易ではない。民主党が多数派となったと言っても上院は拮抗している。下院では、上院での審議も考慮した様々な法案が作成されることになるだろう。多くの関係者は、気候変動法案のような包括的な法案の通過は、共和党の反対にあって難しいと予想する。その代わりに、気候変動対策の各パーツが様々な法案の中にちりばめられると予想している。

面白いことに、米国では、必ずしも共和党支持者が再エネに反対ということではない。逆に、送電線につながずに自分で発電して自分で使うというのは、共和党支持者の多くがアメリカ的と考える独立独歩の精神に合致するため、積極的に導入する人は少なくない。土地が広いので、農業よりも風力や太陽光で発電したほうが儲かるという現実もある。レディ・ガガが主演した「アリー　スター誕生」(二〇一八年)という映画では、(共和党が伝統的に強い)アリゾナの農場が風力発電ファームに変わっているシーンがあり、まさにそのような現実を描写していた。映画制作者の皮肉が込められているという意見もあり、いずれにしろアメリカ人はこのシーンを見てニヤリとするらしい。

EUグリーン・ニューディール

十分か否かは別にして、国際社会、特に先進国の温暖化対策やエネルギー転換を牽引してきたのはEUの国々であった。他の先進国は、保守党が政権をとると一瞬で政策は後退した。しかし、EUの中心的な国々であるドイツ、フランスや北欧の国々、および英国は、政権が変わっても大きく変わることがなかった。そのEUのエネルギー・温暖化政策を牽引しているのが一九八〇年代に欧州諸国などで結成された緑の党だ。ドイツでは一九九八年に緑の党が連立政権に参加し、税制改革や再エネ促進法などを実現させた。二〇〇八年頃からのグリーン・ニューディールの第一波の際には、二〇一二年に欧州緑の党（ＥＧＰ）が“The Social dimension of the Green New Deal”を発表している。

最近のグリーン・ニューディールの第二波では、緑の党以外の政治家も積極的にグリーン・ニューディールを推進しようとしている。たとえば、元ギリシャの財務大臣であった経済学者ヤニス・バルファキス率いるDiEM25（Democracy in Europe Movement 2025）は、「大規模なグリーン投資」「雇用保障システム」「反貧困基金」「普遍的な基礎配当（ベーシック・インカム）」「立ち退きに対抗する保護政策」の五つの政策を掲げている。ちなみに、緑の党は、一九八六年のチェルノブイリ原発事故を経験した欧州の人々が、電力自由化と再エネや省エネによるエネルギー転換を進める過程で発展した。欧州では、電力自由化も日本より二〇年早く始まっており、そのことが日本がエネルギー転換において欧州に遅れている背景となっている。

グリーン・ニューディールの第一波と第二波の間にも、ＥＵは気候変動対策の主流化（気候主流化：climate mainstreaming）を着々と進めた。気候主流化は、あらゆる政策に気候変動対策の要素を入れることであり、「グリーン・ニューディール」はガバニング・アジェンダ」という考え方ともつながっている。財源確保のために、気候変動対策に関連する二〇一四～二〇二〇年のＥＵ中期予算比率を二〇％とする目標も設定された。

二〇一九年一二月、欧州委員会は“European Green Deal”（欧州グリーン・ディール）を提示した。これは、包括的な気候変動対策のパッケージであり、同時に欧州理事会が合意した「二〇五〇年カーボンニュートラル」の実現を目指すための具体的な政策を示したものと言える。

この欧州グリーン・ディールの実施時期を早めたのがコロナ禍だ。欧州を襲ったコロナ禍により、大きな財政出動が必要という認識が高まり、まさにグリーン・ニューディール的な財政出動が必要とされた。そして、二〇二〇年七月二一日、ＥＵ首脳会議は中期予算と欧州復興基金（Next Generation EU）創設で合意した。この復興基金は、グリーン・リカバリー・ファンドともよばれている。

この欧州復興基金は総額で七五〇〇億ユーロ（約九四兆円）であり、三九〇〇億ユーロの補助金と三六〇〇億ユーロの低利融資からなる。同時に決まったＥＵ中期予算（二〇二一～二七年）は一・一兆ユーロ（約一三八兆円）であった。復興基金は中期予算に上乗せされるものとして、七年間で執行されることになっている。エネルギー・温暖化政策分野の内容は、①住宅省エネ・グリーン暖房に九〇〇億ユーロ、②自然資本投資に二五〇億ユーロ、③グリーン・インフラ（再エネ、蓄電、グリーン水素、二酸化炭素貯留）に二〇〇億ユーロ、④電気自動車（ＥＶ）販売促進および関連インフラに六〇〇～八〇〇億ユーロであり、いわばグリーン・ニューディールの王道的な内容とも言える。

EUの場合、財政規律を重視する国が多いため、予算の財源が常に大きな問題となる。この七五〇〇億ユーロに関して、まず無償と有償の割合でかなり揉め、最終的には最初の案よりも有償の割合が大きくなった。また、原資は、欧州委員会が金融市場から七五〇〇億ユーロを借り入れることになった(EUのプログラムを通じて二〇二八〜五八年までに返済)。この金融市場からの借入れというのは、具体的にはEU委員会がEU共同債を発行する。これまでEUでは長年禁じ手とされてきた資金調達法だ。また、EU資金上限もGDPの二％まで一時的に引き上げられ(これまでは一・二％)、EUの中期予算の少なくとも二五％は気候変動に充当することが決められた。

いくつかのEU加盟国、特に、ポーランド、ルーマニア、ドイツなどは、まだ石炭を掘って、それを発電に使っている。このような国に対しては、エネルギー転換のために、七年間で一〇〇〇億ユーロという規模の「公正な移行メカニズム(JTM : Just Transition Mechanism)」が用意された。要するに「アメとムチ」のアメだ。

しかし、資金(アメ)を提供しても、投資が高炭素のプロジェクトに流れては元も子もない。EUでは、投資がEUの環境政策やパリ協定の長期目標に整合的であるかどうかの基準として投資分類(タクソノミー)を策定している。また、EUには、“No harm(何物も傷つけない)rule”、すなわち環境に悪影響があるような投資はダメというルールもある。タクソノミーは、どのような投資が好ましいかを示すもの(ポジティブ・リスト)であり、EUのタクソノミーでは、石炭や原発は明示的に除外された。

このEUタクソノミーに関しては、原発や化石燃料を使い続けたい日本の経産省や経団連などが反応し、これらを明示的には排除しないタクソノミーを独自に作ろうとしている。しばしば日本で「日本は国際的な基準作りが苦手」という自己批判のような言説が聞かれる。しかし、そもそも基準の内容がおかしいのであれば、国際的な基準になりようがない。この日本版タクソノミーも、国際的な基準あるいはスタンダードを狙っているというよりも、これまでの政策の継続性や正当性を示して日本企業を安心させることが目的であるように思われる。

中国のグリーン・リカバリー

二〇二〇年九月二二日、中国の習近平国家主席は国連総会で中国の温暖化対策に関して、①二〇三〇年前にCO_2排出量をピークアウト、②二〇六〇年にカーボンニュートラル、③世界にグリーン・リカバリーを求める、というような内容のビデオ演説を行なった。

トランプ米政権(当時)に何も期待できないなか、EUは中国に温暖化対策のコミットメントを引き上げるよう盛んにプレッシャーをかけていた。ただ、米国での大統領選挙直前というタイミングでの表明は、選挙を意識して民主党のバイデン候補をサポートする効果を狙ったのかなど筆者は思った。そんな見方を、かつて温暖化交渉に関わった中国政府関係者にぶつけたところ、「米国の選挙とは関係ない」と官僚的な答えが返ってきた。が、同時に「中国の決断は米民主党の気候変動対策と整合性がある」とも言っていた。大統領選の前に表明したのは、「中国は他の国に関係なく、やるべきことはやる」とアピールする意図もあったのだろう。

中国の目標に対しては、「二〇六〇年にカーボンニュートラルというのは、二〇五〇年よりも一〇年遅い」と批判する人もいる。しかし、それはジャスティスを無視した議論だ。たしかに、第1章で述べたように、世界の気温上昇を産業革命前と比べ一・五℃未満に抑えるには、二〇五〇年頃に世界全体でCO_2排出量をゼロにしなければいけない。そのため、すべての国が「六〇年ゼロ」ではパリ協定達成には不十分である。ただし国ごとの事情を考慮する必要がある。中国は、上海や北京などの大都市こそ豊かになったものの、田舎へ行けばエアコンも車もなく、道路や橋などのインフラもこれから造らないといけない。そのためには鉄やセメントを大量に使わなければならない。一人当たりのGDPは約一万米ドルであり、世界銀行の基準によると途上国に分類される。「インフラをすでに造った先進国と同じような削減のレベルやタイミングを途上国に求めるのは不公平だ」というのが最も重要なジャスティスであり、中国を含む途上国や環境NGOはそう主張し続けてきた。これまでの国際交渉は、一言で言えば、この「先進国対途上国」という古くて新しいジャスティスの問題に関する対決の歴史とも言える。

しかし、気候危機が世界的な問題となるなか、中国は、これまでの先進国／途上国二分論を、ある程度棚上げして今回の方針を打ち出した。だからこそ世界は注目した。特に、長い間、国際交渉を見てきた研究者は驚いた。中国の発表があった次の日に、たまたまClimate Action Tracker（CAT）という研究機関のウェブセミナーがあった。そこで、各国の温暖化対策の野心度に関する比較分析の第一人者であるドイツ人のニコラス・ホーネが、興奮しながら中国のコミットメントの意義を説明していたのが筆者には印象的であった。

変化の兆しはあった。二〇二〇年四月に行なわれた全国人民代表大会（全人代、日本の国会に相当）では、初めて二〇二〇年のGDP目標がなかった。二〇二〇年のエネルギー原単位（GDP当たりのエネルギー消費量）などの目標もなかった。これは、GDP信仰（至上主義）が問題であることを中国指導部が認識した結果だと言える。

このときに発表されたコロナ対策に関連する予算措置規模は九・二兆元（約一四七・二兆円）であり、そのうちのエネルギー環境関連は、非ガソリン自動車の普及と電気自動車（EV）充電スタンドの拡充、世代通信設備や5G技術などへの重点的な投資、EV補助金の二〇二二年までの延長などである。また、新型（最先端）インフラ、新規・既存都市基盤整備、重大（大型）社会インフラ事業には六兆元（約九六・六兆円、財源は地方政府に移譲）の予算がついた。中国では、二〇二一年中には全国統一排出量取引制度（電力部門）のもとでの取引も開始される予定である。

中国の目標は実現可能か？

筆者は、よく「二〇六〇年ゼロという中国の目標は実現可能か？」と聞かれる。その時には、「四〇年後の話なので、実現可能性は誰にもわかりません。日本だって一〇年前には二〇五〇年に八〇％削減すると閣議決定しているものの、道筋はまったく見えていませんでしたし、国民のほとんどは知らなかったのですから」と答える。ただし、「一つ言えるのは、政権トップの発言の重みは、政権交代のたびに政策が変わる米国や日本よりも重いと思う」「中国の場合、良くも悪くも、政策の継続性はある。そのために五カ年計画という仕組みがあり、短期的な法制度と中長期的な目標とが整合するか一つひとつチェックする」「四年ほど前に、五カ年計画や大気汚染対策の目標を達成するために、いくつかの地域で石炭使用が強制的に禁止された。そのため、ガス供給が間に合わない地域では二〇一七年、数万人が暖房なしで冬を過ごすことになってしまい、大きな社会問題になった」「地方幹部は目標を達成できないと昇進できない。そういう意味でも数値目標は中国にとって非常に重要なもの」というコメントも付け加える。

二〇六〇年ゼロというのは、モデル分析なしで政治家が勝手に決めた数値ではない。中国は二〇〇九年には、「二〇二〇年のGDP当たりのCO₂排出量を二〇〇五年比四〇〜四五％減らす」という目標を打ち出していた。その時は、国内の研究者を集め、八つのモデルの計算結果や経済効果を比較して数字を決めた。今回の二〇六〇年ゼロも、清華大学のモデルを中心に複数のモデラーが集められて、シナリオを慎重に分析していた。ちなみに、日本でも、かつては異なる複数のモデルによる比較が行なわれて数値目標が決められていた。しかし、二〇一七年に策定された現行の「第五次エネルギー基本計画」の数値は、ほぼ密室で作られ、経済分析なども十分にはなされなかった。二〇二一年四月に発表された「二〇三〇年に四六％削減（二〇一三年比）」も同様だ。

温暖化対策と大気汚染対策および産業構造転換とは、お互いに大きな影響を及ぼす関係にある。実は、中国では二〇一三年頃から石炭の消費量が横ばいにとどまっており、CO_2排出量もほぼ横ばいになっている。筆者は、この頃に「中国の二〇三〇年ピークという目標は二〇一三年に達成されたかもしれない」という趣旨の論文を書いた。この石炭消費量横ばいの背景には、二〇一三年頃に大問題になったPM2.5（微小粒子状物質）問題がある。すなわち、PM2.5濃度を減らすために、大都市での石炭使用禁止などを含む厳しい大気汚染対策を実施した。また、リーマン・ショック後の景気停滞の影響はあるものの、途上国から中進国に進むために不可欠な産業構造転換への地道な努力の成果もあった。いつまでも重工業に依存したエネルギー多消費型の経済では良くないというコンセンサスは、前から中央の指導部にはあった。

そうは言っても、中国では、今でも地方での石炭火力発電所新設も実施されており、中国の環境NGOも「このままでは二〇六〇年にカーボンニュートラルは無理」と批判している。実際に、二〇二〇年五月までで四八GWの石炭火力新設が認可(二〇一九年全期分の一・六倍。計画中の四六GWに追加)されている。背景には、二〇一八年からの地方への認可権譲渡や地方債の増発許可があった。すなわち、地方では、今でも「GDPアップには石炭火力が必要」「石炭火力は安い」「再エネのバックアップに石炭は必要」という考えがあり、短期的な景気刺激策として、一部の地方では新設計画が許可されてしまっている。

この流れを止めるためには、炭鉱や石炭火力発電所などで働いてきた人たちの失業対策や雇用転換が必要である。どのように補償し、どのように雇用転換を進めるか。失敗すれば国民の不満は高まり、放っておけば「カーボンニュートラル」は不可能となる。中央政府は難しい手綱さばきを求められている。もちろん、エネルギー転換に伴う雇用転換は中国に限らず、すべての国で大きな問題となっている。最大の問題と言っても過言ではない。ただし、中国の場合、石炭関連の従事者だけで数百万人いるので、文字通り対象となる人数の桁が違う。

再エネなどに関する最新の中国情報を紹介しよう。二〇二〇年に新設された風力発電の設備容量は前年の二・七倍、太陽光発電も八割増となった。両方を合計すると一・二億kWとなる。すなわち、原発約一二〇基分もの再エネがわずか一年で整備された。この結果、石炭火力の設備容量の割合は初めて五〇%を下回った。一方、二〇二〇年に運転開始した原発は一基のみであり、現在の電力割合である二％が二〇六〇年にせいぜい数倍になる程度だろうというのが、多くの研究者の見方だ。すなわち、中国でも様々な意味で「原発はペイしない」という認識が醸成されつつある。

中国の温暖化対策を語る時に忘れてはならない、あるいは一番重要かもしれないのが「技術覇権（テクノ・ヘゲモニー）」である。第2章でも書いたように、近年は世界中で再エネが急激に安くなった。それは、中国企業の国内外での熾烈な競争の結果でもある。現在の中国企業の太陽光パネルの世界全体でのシェアは約八割、風力設備は約五割である。華為技術（ファーウェイ）は安い蓄電池も開発しており、二〇二〇年には上海GM五菱による四四万円の電気自動車も登場した。中国が「カーボンニュートラル」になるということは、恐らくこれらの中国企業のマーケットシェアがさらに拡大することを意味する。

産業育成のためには国策が不可欠である。日本の再エネ育成政策の分析・評価に関しては、電力中央研究所の「政府エネルギー技術開発プロジェクトの分析――サンシャイン・ムーンライト・ニューサンシャイン計画に対する費用効果分析と事例分析」（Y06019）という二〇〇七年に発表された報告書がある。日本の場合、政策が定性的・定量的に分析・評価されることは多くないので、この報告書は、政府の再エネ技術開発プロジェクトの分析・評価を行なった貴重なものである（ちなみに、オランダの場合、政策の第三者評価や結果公表が義務化されている）。その報告書によると、太陽光発電に関しては「研究開発支援と同時に、市場創出施策も同時に展開していく必要がある」(二六頁)、風力発電に関しては「技術の将来性についての期待が低い状況で、国プロ(筆者注：国家プロジェクト)としての位置づけや市場創出策が不十分であると、民間による技術開発は活発にならない」(二七頁)としている。そして、これらの「予言」どおりに、日本企業は市場から姿を消した。結局は、補助金だけではだめで、政府がはっきりした方向性を示し、国内市場を広げる具体的かつ継続的な政策がないと産業育成は無理ということである。

日本のメディアでは、しばしば中国に関して「カーボンニュートラルは無理」「中国の再エネ政策は政府丸抱えで市場原理に基づいていない」「中国は本気ではない」と断定的に決め付けるような論調が流される。もちろん、中国の脱炭素への課題はきわめてたくさんある。本気かどうか、あるいは実現できるかどうかは誰にもわからない。しかし、「中国にとって産業構造転換は不可欠で、同時に雇用創出も可能で、世界での技術覇権も狙える」という合理的な考えに基づいて中国政府や企業がエネルギー転換を進めているのは明らかだ。それに、どの国も産業育成には国が深く関与している。このようなことを理解せずに批判するばかりの関係者の論調を見るにつけて、日本の産業の国際競争力の将来が不安になる。

文在寅大統領が率いる与党「共に民主党」は、二〇二〇年四月の総選挙で、「二〇五〇年までにCO2排出量ゼロ」「海外の石炭火力発電所への融資停止」「炭素税導入」などを公約とした。今後二年間で一二・九兆ウォン(約一・二兆円)の投資と、一三万三〇〇〇人の雇用創出も約束した。選挙で大勝した文政権は、二〇二〇年七月に"Korean New Deal"を正式発表した。

この韓国ニューディールの目標は、①追従型の経済から先導型の経済への移行、②炭素依存経済から低炭素経済への移行、③不平等社会から包容社会への発展、の三つであり、二〇二五年までに一六〇兆ウォン(約一四兆円、政府予算七割と民間三割)を投じ、新たに一九〇万人の雇用を創出する計画となっている。

具体的な内容は、①デジタル・ニューディール、②グリーン・ニューディール、③セーフティネット強化、の三つに分かれる。①のデジタル・ニューディールは、電子政府などのインフラをインターネットやデジタル技術を活用して構築することをめざす。また、データの収集・標準化、加工、結合高度化など、データ経済の促進を通じて新産業を育成すると共に、主力産業のデジタル転換を加速化し競争力を強化することなども目的としている。②のグリーン・ニューディールは、国内の脱炭素により環境産業の競争力を高めることをめざし、具体的には、公共建築物の改造、都市林の造成、リサイクル、再エネの基盤整備、低炭素エネルギー産業団地の造成などを実施する。③のセーフティネット強化は、エネルギー転換に伴う雇用喪

韓国政府が発表したニューディール(英語版)

失(失業)対策であり、革新型人材の養成と職業転換を加速化することを目的としている。

スケジュール、予算額、雇用創出数などが具体的に数値で示されているのが韓国ニューディールのポイントだ。第一期は二〇二〇年であり、危機克服と、直ちに推進可能な事業への投資で、総事業費六・三兆ウォン(国費四・八兆ウォン)の投資を第三次補正予算で賄う。第二期は二〇二一~二二年であり、基盤造りの時期と設定している。新しい成長経路の創出のための投資拡大の時期であり、累積総事業費六七・七兆ウォン(国費四九・〇兆ウォン)の投資を行なうことによって八八・七万人の雇用を創出する。第三期は二〇二三~二五年であり、新しい成長経路の定着のための補完と完成の時期と設定して、累積総事業費一六〇・〇兆ウォン(国費一一四・一兆ウォン)の投資を行ない、一九〇・一万人の雇用創出をめざす。

韓国ニューディールが出た一カ月後には、その英語版が出た(写真)。すなわち、当初から国際社会へのアピールを意識しており、それはKポップや映画などの世界戦略と共通している。また、韓国ニューディールは、省庁横断的に作られていて、財務省が取りまとめ役になっている。このようなことは、今の日本では想像しがたい。

ただし、世界の研究者からは評価が高い韓国ニューディールに対しても、韓国のNGOや若者からは厳しい批判が出ている。それは、CO_2排出量削減割合や再エネ導入量などの具体的な数値目標がない、財政投資と雇用創出に主眼を置きすぎている、などである。実は、韓国のこれまでの温暖化対策のレベルは世界的に見て低かった。ドイツのシンクタンクが毎年出している温暖化対策ランキングであるClimate Change Performance Index（CCPI：主要五八カ国が対象）では、日本と同様に下から数えた方がはるかに速い。たとえば、二〇一七年のCCPIのランキングは、主要五八カ国中で、日本が下から二番目、韓国が下から四番目であった。韓国での再エネの電力割合は二〇一九年時点でわずか五・六％にとどまっている。韓国では、長い間電気代はきわめて安価に設定されており、しばしば日本のエネルギー多消費企業が「不公平」と不満をあらわにしていた。

ただし、現在、韓国でも若者のアクションは活発になっている。韓国の環境NGOは、反政府運動に関わっていた人々が中心になって形成され、これまでも非常にアクティブであった。最近は、新しい環境NGOやシンクタンクも生まれている。二〇二〇年三月には、韓国でFridays for Future（FFF）に関わっている若者が、オランダ、フランス、ドイツと同様に、韓国政府を「政府の温暖化対策は将来世代の利益を無視している」と憲法裁判所に訴えた。今後、文政権が再エネやCO_2排出削減でどのような数値目標を出すか、韓国ニューディールの計画通りに投資が実施されるか、電気代はどうなるのか、財源はどうするのか(韓国は国費、すなわち公的資金による財政支出の割合が大きい)、など注目すべきポイントは多くある。グリーン・ニューディールを語る上で韓国からは目が離せない。

各国のグリーン・ニューディールの共通点

では、各国のグリーン・ニューディールあるいはグリーン・リカバリー政策から何が見えるか。特に、コロナ禍という状況から、各国は何を重点的にやろうとしているのだろう。コロナ禍とエネルギー・気候変動問題に関しては、すでにいくつかの論考がある。ここでは、二〇二〇年五月に発表された英オックスフォード大の研究者らの論文(Hepburn et al.2020)をもとに、グリーン・ニューディールあるいはグリーン・リカバリーに関する現状や具体的な要素を整理しよう。なお、この論文の著者には、ノーベル経済学賞受賞者であるジョセフ・スティグリッツも名を連ねている。

この論文では、まず、コロナ・ショックの経済および温室効果ガス排出への影響を整理している。次に、過去の各国政府の経済不況の際の景気刺激のための財政支出策を、乗数効果や温室効果ガス排出の観点から検証している。乗数効果とは、投資や政府支出などの変化が波及し最終的には経済全体に対して何倍かの変化を生み出す効果のことをいう。

さらに、G20の中央銀行関係者、財務省関係者、銀行関係者、経済学者、シンクタンク関係者などに対して、二五種の主な景気刺激のための財政支出策で、どれがどの程度の効果（乗数効果、温室効果ガス排出削減効果、実施されるまでに要する時間）があるかを、二〇二〇年四月一五日にアンケートして結果をまとめている（回答者数は二三一人）。

まず、過去の経済不況との比較に関して、この論文は、①国際エネルギー機関（IEA）の予測によると、二〇二〇年の世界全体の温室効果ガス排出は八％減少する（ちなみに、一九三九〜四五年の第二次世界対戦時は年平均四％減少、一九九一〜九二年の不況時は年平均三％、一九八〇〜八一年の第二次石油ショック時は年平均一％減少）、②二〇〇九年のリーマン・ショックの際は、世界の温室効果ガス排出は一％減少したが、そのあとリバウンドして二〇一〇年は四・五％増加し、その後の五年間は平均で年二・四％増加、③現在のコロナ・ショックによって、二〇二〇年第2四半期の再エネ投資は四八％減少し、そのあとゆっくり回復すると予想される、④新興国では、化石燃料消費が増える可能性がある、と整理している。

各国の対策も分析しており、①二〇二〇年四月時点で、G20国は総額七・三兆ドルの景気刺激のための財政支出策を打ち出しており、その種類は三〇〇くらいある。そのうちの約四％がブラウン（温室効果ガスを増やす）、約四％がグリーン（温室効果ガスを減らす）、約九二％が関係ない、②多くの財政支出策が個人への給与補塡などだが、企業に対するものもあり、その中では、航空会社に対して、ロシアが免税、オーストラリアが七億一五〇〇万豪ドル(約六〇〇億円)の無条件での無償資金供与、米国が三二〇億ドルの無償と有償の資金供与を決めている。今後、自動車会社も政府に救済を求める可能性が高い、③政府施策の中では、財政支出の方が減税よりも乗数効果が大きい(一・五〜二・五)。ただし、過去の不況時に比較して、今度のコロナ・ショックの場合は、乗数効果は小さい可能性がある(将来が見えない、移動や社会活動が減少するなどの理由から)、④再エネ投資は、短期では雇用創出や乗数効果が高い。一方、(景気回復後の)長期的には、雇用者数は少なくてすむので雇用調整しやすい、⑤建築物のレトロフィット(断熱、暖房、家でのエネルギー貯蔵)なども乗数効果が高い(海外貿易の影響も小さい)、としている。

この論文の中で紹介されているアンケート調査の結果として、温暖化対策としても、また長期的な乗数効果が高い経済対策としても好ましいのは、①クリーンインフラ投資(再エネ、電力貯蔵、水素、送電インフラ、CO_2回収・貯留など)、②建築物のレトロフィット、③教育と職業訓練、④自然資源投資、⑤クリーン技術の研究開発(途上国にとっては、優先順位は低い)の順(乗数効果としても温暖化対策としても最悪なのは、航空会社の無償救済)、と書いている。また、この他には、化石燃料などへのブラウン補助金の撤廃や環境規制強化・規制緩和回避などがある。筆者もこのあたりが、各国のグリーン・ニューディールおよびグリーン・リカバリーの最大公約数的な要素だと考える。

論文の執筆者たちは、ある程度の赤字財政はやむを得ない(あるいは問題ない)というスタンスをとっている。そうは言っても、慎重な財政金融政策は必要で、インフレになったら炭素税と金融引き締めが必要だとも主張している(財源の問題は第6章で述べる)。

では、最も効果的なグリーン・ニューディールおよびグリーン・リカバリーのための政策は何だろうか。すでに述べたように、このための特別な気候変動対策というようなものは存在しない。結局、これまで多くの人が提言し、原発や化石燃料に利権を持つ人が長く反対してきた「再エネと省エネの導入拡大」でしかない。ただし、短期間で実施できて、かつ経済効果も大きいという意味では、今ある建築物の断熱工事による省エネが最も優れており、そのための補助金などの拡充が各国で実施されている。また、森林や公園などへの自然資源投資も、短期で実施できて雇用創出効果は大きい。もちろん、太陽光や風力といった再エネや電気自動車関連インフラへの投資も、雇用創出などの経済効果はきわめて高い。逆に、高速道路無料化や航空会社・自動車会社への無条件での資本注入などは、やってはいけないことという共通認識がある。

このように世界は、グリーン・ニューディールおよびグリーン・リカバリーの実現に向けてダイナミックに動いている。一方、日本はどういう状況で、日本のグリーン・ニューディールはどうあるべきなのか。次の章では、筆者が関わった研究グループによる「日本版グリーン・ニューディール案」の具体的な内容を、現行の政府のエネルギー・温暖化政策の代替案として紹介することで、この問いに答えたい。

第5章
日本版グリーン・ニューディール

2050年カーボンニュートラルのためのロードマップ

将来のエネルギー・ミックスや温暖化対策目標の具体的な数値を研究者として出すことには覚悟が要る。政府、産業界、産業界系シンクタンクなどとのバトルが待っているからだ。一九九七年の京都でのCOP3の時、日本の数値目標の参考値を発表した国の研究機関の研究者は、経済紙に批判的な記事を書かれ、役所に呼び出された。彼一人に対して、長時間にわたって、複数の官僚が入れ替わり立ち代わり、その実現可能性やコストなどに関して質問というよりも詰問したらしい。いわゆる「吊し上げ」と言えるようなものだったと聞いている。

これまで述べてきたように、エネルギー転換は、大きな産業構造の変革を必要とする。今までのシステムのもとで利益を得ていた人々が、それを失いたくないために必死に抵抗するのは当たり前といえば当たり前だ。したがって、エネルギー・ミックスに関するバトルがなくなることは当分ない。

私が関わっている「未来のためのエネルギー転換研究グループ」は、若い研究者も参加しているものの、主にCOP3の時代を知る研究者からなる十数人のグループだ。それぞれが異なる大学や研究機関に勤めている。この研究グループは、二〇二一年二月二五日、日本版グリーン・ニューディールとして「レポート２０３０――グリーン・リカバリーと２０５０年カーボン・ニュートラルを実現する２０３０年までのロードマップ」(以下、レポート２０３０)を発表した。レポートがダウンロード可能なＨＰ(https://green-recovery-japan.org/)をご覧になれば、名前を出しても構わない主な執筆者がわかる(名前を出せない執筆者もいる)。

このレポートでは、私たちがグリーン・リカバリー戦略(以下、ＧＲ戦略)と名付けた二〇三〇年までのロードマップ、すなわち二〇五〇年カーボンニュートラルを実現するために二〇三〇年までに日本で何をなすべきかを具体的に示した。これは、国のエネルギー・温暖化政策の代替案であり、コロナ禍からのグリーン・リカバリーを実現するための具体的提案である。

ＧＲ戦略は、本書で紹介した米国、ＥＵ、韓国などのグリーン・ニューディールを大いに参考にした。すなわち、二〇三〇年までの投資額、経済効果(ＧＤＰ追加額、エネルギー支出削減額、雇用創出数)、温室効果ガス排出削減効果、大気汚染対策効果(ＰＭ2.5曝露早期死亡の回避者数)、政策、失業対策、財源などと関連させて、具体的かつ体系的なロードマップが書かれている。これまで、ここまで具体的な数値と政策を示したレポートは日本にはない。本章では、このレポート２０３０、およびＧＲ戦略のエッセンスをお伝えする。

GR戦略の数値目標と効果

GR戦略は数値目標として次のように設定している。

エネルギー消費全体

最終エネルギー消費は省エネ等により、二〇三〇年に四〇%減(二〇一〇年比)、二〇五〇年に六二%減(二〇一〇年比)(二〇一三年比では、それぞれ三八%減と六〇%減)

化石燃料と原子力

二〇三〇年:化石燃料(一次エネルギー)は約六〇%減(二〇一〇年比)、原子力はゼロ

二〇五〇年:化石燃料はゼロ(一次エネルギーは再エネ一〇〇%、従来技術で約八〇%、新技術で約二〇%)

電力

二〇三〇年:省エネで電力消費量三〇%減(二〇一〇年比、石炭火力ゼロ、原発ゼロ、再エネ電力割合四四%、二〇一三年比二八%減)

二〇五〇年:省エネで電力消費量約四〇%減(二〇一〇年比、再エネ電力割合一〇〇%、二〇一三年比三八%減。ただし、蓄電ロスなどのため発電量は現状以上が必要)

これらの目標を実現するための政策を実施した場合に次のような効果がある。

・投資額：二〇三〇年までに累積約二〇二兆円（民間約一五一兆円、公的資金約五一兆円）、二〇五〇年までに累積約三四〇兆円
・経済効果：二〇三〇年までに累積二〇五兆円（政府予測GDPに対する増加額）
・雇用創出数：二〇三〇年までに約二五四万人／年（年間約二五四万人の雇用が一〇年間維持）
・エネルギー支出削減額：二〇三〇年までに累積約三五八兆円（二〇五〇年までに累積約五〇〇兆円）
・化石燃料輸入削減額：二〇三〇年までに累積約五一・七兆円
・CO_2排出量：二〇三〇年に一九九〇年比五五％減（二〇一三年比六一％減）、二〇五〇年に一九九〇年比九三％削減（従来技術のみ。新技術の実用化を想定すると一〇〇％削減）
・大気汚染による死亡の回避：二〇三〇年までにPM2.5曝露による計二九二〇人の死亡を回避

以下では、主要なトピックに沿いながら、それぞれの数値について説明していく。

現行政府案との比較

このようなエネルギー・ミックスなどに関する数値を発表すると、必ず聞かれるのが「現行

の政府案との違いは？」である。したがって、表5-1に、GR戦略と現在の「第五次エネルギー基本計画」(二〇二一年夏に改訂し、「第六次エネルギー基本計画」として策定予定)に基づく現行政府案との比較をまとめた。

二〇二〇年一二月に日本政府が発表した「二〇五〇年カーボンニュートラルに伴うグリーン成長戦略」は、実用化されておらず実用化の可能性もはっきりしない新技術の必要性を謳い、それらの研究開発に対する補助金付与などを示すだけで、具体的かつ効果的な対策はほぼ先送りする内容であった。その結果として、電力消費量、最終エネルギー消費量、化石燃料輸入費、企業および家庭のエネルギー支出(エネ支出)額、エネルギー起源CO_2排出は大きくは減らず、膨大な国費が海外に流出する。その後、政府は二〇二一年四月二二日の気候サミットで四六％削減(二〇一三年比)を表明した。しかし、基本的な問題点は変わっていない。

一方、GR戦略では、石炭火力を二〇三〇年に停止する(二〇三五

本計画)との比較

(第5次エネルギー基本計画)	
2030年(2021年夏に改訂予定)	2050年(現在の政府目標)
主力電源？	主力電源？
依存？	依存？
LNG火力・石炭火力(バイオマス・アンモニア混焼？)	LNG火力 石炭火力 CCS/CCU
?	?
?	?
?	?
?	?
−46％(2021年4月22日の気候サミットで表明)	?

表 5-1　GR 戦略と現行政府案(第 5 次エネルギー基

	GR 戦略		現行政府案
	2030 年	2050 年	2030 年(現在の政府目標値)
再生可能エネルギー発電比率	44%	100%	22〜24%
原子力発電比率	ゼロ	ゼロ	20〜22%
火力発電	LNG 火力(石炭火力ゼロ)	ゼロ	LNG 火力・石炭火力
電力消費量(2013 年比)	−28%	−32%	+1%
最終エネルギー消費量(2013 年比)	−38%	−60%	−10%
化石燃料輸入費	約 9 兆円(2019 年 17 兆円)	0 円	推定約 14 兆円(2019 年 17 兆円)
エネルギー支出	29 兆円	16 兆円	推定約 49 兆円
エネルギー起源 CO_2(2013 年比)	−61%	−93%(既存技術のみ), −100%(新技術を想定)	−25%

年廃止)。原発に関しては、二〇三〇年にゼロと想定している。そして、「二〇五〇年カーボンニュートラル」に関して、エネルギー起源CO_2の一〇〇%排出削減のうち、九三%は既存の技術で、残りの七%(主に航空、船舶、陸上長距離輸送、鉄鋼業・セメント産業などの四分野からの排出)は現時点では実用化されていない技術で対応する。再エネと省エネによって化石燃料輸入費やエネルギー支出の削減が可能となり、国費の流出を防ぐことができる。

なお、GR戦略によって電力シフトが進んでも、二〇五〇年の電力需要は大きく増加しない。多くの人が、電化が進むと電力需要が著しく増大すると考えているが、これは間違いだ。まず「A分野」として、従来から電気が使われていた分野や用途の需要（例：家庭部門での従来通りの電気冷蔵庫などの電気機器使用による需要）は、省エネによって二〇一三年比約五〇％減少する。他方「B分野」として、エネルギー消費が電気へと移行する分野（オフィスや飲食店、家庭等におけるガス・石油から電気への移行や、電気自動車の普及など自動車燃料のガソリン・軽油等から電気への移行）があるが、これらは現在の電力需要の一～二割程度にすぎない。したがって、AとBを合わせれば二〇五〇年電力需要は現在より大幅に減少する（二〇一三年比三二％減少、この時エネルギー起源CO_2は二〇一三年比九三％減少）。

ただし、エネルギー起源CO_2の一〇〇％削減（ゼロエミッション）を実現するためには、さらに「C分野」として産業高温熱（鉄鋼・化学・セメント・紙パルプ製造等）や航空・船舶燃料を電力や水素（再エネ電力によって生産されるもの）に転換する必要がある。このC分野では相当の電力が必要になるため、A～Cの分野を合計すると現在の電力需要量を超える可能性がある。ただしその場合でも、すべての電力を再エネ電力で賄うことが可能である。

表5-2は、GR戦略における二〇二一年から三〇年までの各分野投資額、民間投資・財政割合、経済効果（投資額、エネルギー支出削減額、雇用創出数）、CO_2排出削減効果、政策を示す。この表がGR戦略において最も重要な表とも言える（各分野において必要な政策の詳細は「レポー

ト二〇三〇」を参照いただきたい）。

この表の金額およびCO_2排出削減量は、すべてGR戦略ケースとBAUケース（対策なしケース：二〇一五年のエネルギー消費およびCO_2排出の原単位である単位生産量あたりのCO_2排出量は一定のまま、二〇三〇年までは政府の長期需給見通しと同じように生産量やエネルギー消費量が変化し、それに比例してエネルギー消費量およびCO_2排出量が変化すると想定。二〇三〇年以降は、原単位は変わらず、素材産業は人口減少、家庭部門は世帯数減少などを考慮して生産量やエネルギー消費量が変化すると想定）との差を示す。分野のうち電力・熱が供給側の再エネ等で、産業・業務・家庭・運輸は需要側の主に省エネを意味する（省エネ以外は再エネ熱利用）。

エネルギー支出削減額は以下のように計算した。まず二〇三〇年について、省エネ各分野の投資による各種エネルギーの消費量減少分に、それぞれのエネルギー単価を乗じて、各分野のエネルギー支出削減額を求めた。これに、各分野の削減効果が継続する期間（耐用年数）を乗じて、累積エネルギー支出削減額とした。

省エネ投資は、二〇三〇年時点の各分野のエネルギー支出削減額に、それぞれの投資回収年数を乗じて、追加的に必要となる投資額を求めた（合計約二〇二兆円）。再エネ投資額（再エネ発電所設備投資額）は発電種類ごとに積み上げ、計算した。導入設備容量は毎年均等とし、設備単価は漸減し最終的に二〇一八年の国際価格に収斂すると想定した。

分野投資額，経済効果，CO_2 排出削減効果など

2030 年までの雇用創出数（万人・年）	投資額あたり雇用創出数（人年/億円）	2030 年の CO_2 削減量（Mt-CO_2）	必要な政策
285	9.7	360	送電線接続問題解決，FIT，再エネ設置段階的義務化，容量市場導入見直し，電力市場活用，再エネ熱利用拡大
287	17.9		
108	18.0	32	
179	9.7	58	業種ごとエネルギー効率目標設定，事業所ごとエネルギー効率・CO_2 排出量公表，汎用機器トップランナー規制対象化，電炉割合増加
62	8.5	21	
128	7.2	45	汎用機器の省エネ法での効率規制，業種ごとエネルギー効率目標設定，事業所ごとエネルギー効率・CO_2 排出量公表，建築断熱規制導入
275	16.3	28	
96	7.2	20	汎用機器の省エネ法での効率規制，省エネ情報提供，技術支援，すべての新築・建材に対する断熱規制・エネルギー性能の表示義務導入
267	17.6	28	
30	17.6		
183	9.0	81	燃費規制，内燃機関車販売禁止，政府調達，高燃費車普及，2030 年に電気自動車を保有車の 20％，省エネ機材普及，路面電車・バス高速輸送システム・電気バス網など公共交通機関拡充
119	10.6	38	
10	6.7	3	
167	17.8	3	
2196	11.9	714	
562	17.0		
251	19.0		情報収集や専門家・実務家のアドバイスなどが受けられるプラットフォーム構築，省エネ・再エネ産業などへの雇用転換促進
97	20.6		
348	39.7		
2544	12.6	714	
910	17.8		

表 5-2　GR 戦略における 2030 年までの各

分野	種類	2030 年までの投資額(兆円)	民間投資・財政支出割合	2050 年までの累積エネ支出削減額(兆円)
電力・熱	1. 再エネ発電所	29.3	主に民間	86.3
	2. 送電網，配電網	16.0	主に財政	
	3. 熱供給網	6.0	主に財政	
産業	4. 素材製造業の電力，熱利用関係	18.5	主に民間	23.1
	5. 非素材製造業の電力，熱利用関係	7.3	主に民間	14.6
業務	6. 電力，主に機械設備	17.8	主に民間	35.6
	7. 熱，主に断熱建築，ゼロ・エネルギー・ハウス	16.8	主に民間	42.1
家庭	8. 電力，主に家電，機器	13.3	主に民間	26.7
	9a. 熱，主に断熱建築，ゼロ・エネルギー・ハウス	15.2	主に民間	30.3
	9b. 熱，主に断熱建築，ゼロ・エネルギー・ハウス(公営住宅)	1.7	主に財政	3.4
運輸	10. 乗用車，タクシー，バスの電気化・燃費改善	20.4	主に民間	57.6
	11. トラック電気化，燃費改善	11.2	主に民間	35.5
	12. 鉄道，船舶，航空の高効率化	1.5	主に民間	3.0
	13. 運輸インフラ	9.4	主に財政	
小計		185		358
	うち財政支出	33		
人的インフラ	14. 専門家支援・人材育成	13	主に財政	
	15. 労働力の円滑な移行	5	主に財政	
小計		18		
合計		202		358
	うち財政支出	51		

このような投資が今後一〇年にわたり随時実施されてゆくと考えると、毎年の投資額は二〇・二兆円となる。雇用創出数は、投資額から産業連関分析を用いて計算した（直接効果＋第一次間接波及効果を考慮）。各分野とも、耐用年数が過ぎた後は、設備更新の際に、省エネ型設備と非省エネ型の設備との価格差がゼロになると想定している。回収年数は想定投資回収年数であり、各分野において一般的とされる回収年数とした。耐用年数は住宅や機器などの更新が必要となるまでの想定年数である。

投資回収年数は省エネを議論する時に非常に重要な数値である。私たちのGR戦略では、表5-2で示したような一五の分野ごとに想定した。たとえば、新規の住宅建築の場合、ZEH（ゼロ・エネルギー・ハウス：エネルギー消費がゼロとなる仕様）は、通常仕様の住宅との差額分がエネ支出削減によって一〇年で回収できる（元が取れる）場合に選択されると想定し、年間のエネ支出削減の一〇年分を追加投資額として計算した（現実的なビジネスの場においても、「一〇年程度での投資回収」がZEHをあつかう住宅メーカーの売り文句になっている）。実際には、より長い回収年数を想定すれば、より高額の投資案件も実施され、投資額がより大きくなる。

なお、カーボン・プライシングは、目標を確実に、かつ効率的に実現するためには重要ではある。しかし、各種規制、補助金、融資制度などの政策誘導があれば、数値目標の達成自体は可能と考えられる。また、公的資金による多額の補助金も必要条件ではない。

GR戦略の経済合理性

エネルギー政策や温暖化対策の経済合理性を検証する方法はいくつかある。よく使われるのが、いわゆる費用便益(コスト・ベネフィット)分析とよばれるものであり、費用が便益よりも小さい場合、経済合理性があるとする。もう一つはGDPなどの経済指標に対するインパクトを示すものである。費用便益分析は簡単なようだが、実際には費用や便益の中身を十分に検討する必要がある。たとえば、費用は誰が払うか、誰が受け取るか、などで日本経済へのインパクトが変わるからだ。すなわち、光熱費をアラブの王様に払うのと日本の再エネ発電業者に払うのとはまったく異なる。後者は、費用というよりも、文字通り日本経済への「投資」となる。GDPなどへのインパクトは、いわゆる一般均衡モデルという複雑な経済モデルを使う場合もある一方で、後述するように、単純に投資額から計算する方法もある。

図5-1は、二〇二一年から三〇年までに行なわれる再エネ・省エネ投資の累積額と、それらの投資の効果が続く期間のエネルギー支出削減額(累積額)の比較を示す(その後の更新分は、追加費用なしに省エネ型の設備等が利用可能と想定する)。この図では、投資額は費用便益の費用と考えられ、エネルギー支出削減額は便益と考えられる。この図が示すように、エネルギー支出削減額は投資額よりもはるかに大きく、これはGR戦略が大きな経済合理性を持つことを意味す

る。また、前述のように、この投資額は、海外へ流れるような資金ではなく、投資として日本の国内経済を活発化させる資金である。

図5-2は、二〇二一年から三〇年までにGR戦略を実施した場合と実施しない場合の付加価値(GDP)変化を示す。この図が示しているように、二〇三〇年までにGR戦略を実施した場合は、実施しない場合よりも、経済効果として国全体の付加価値(GDP)が二〇三〇年までに累積で約二〇五兆円増加する。

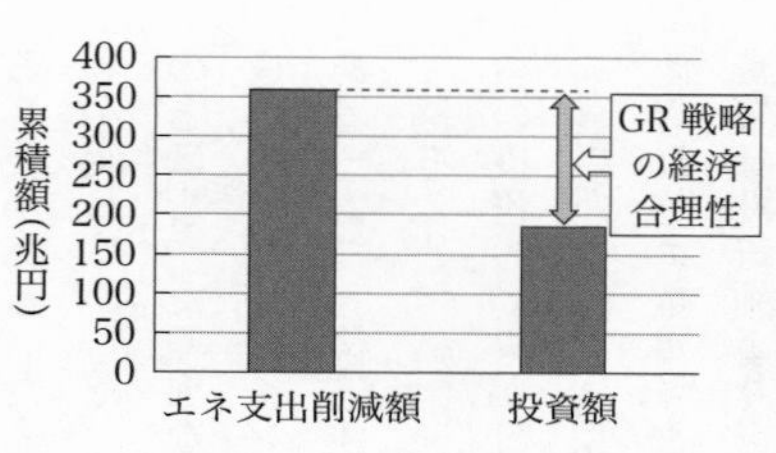

図5-1　GR戦略における2030年までの累積投資額と，それによる累積エネ支出削減額との比

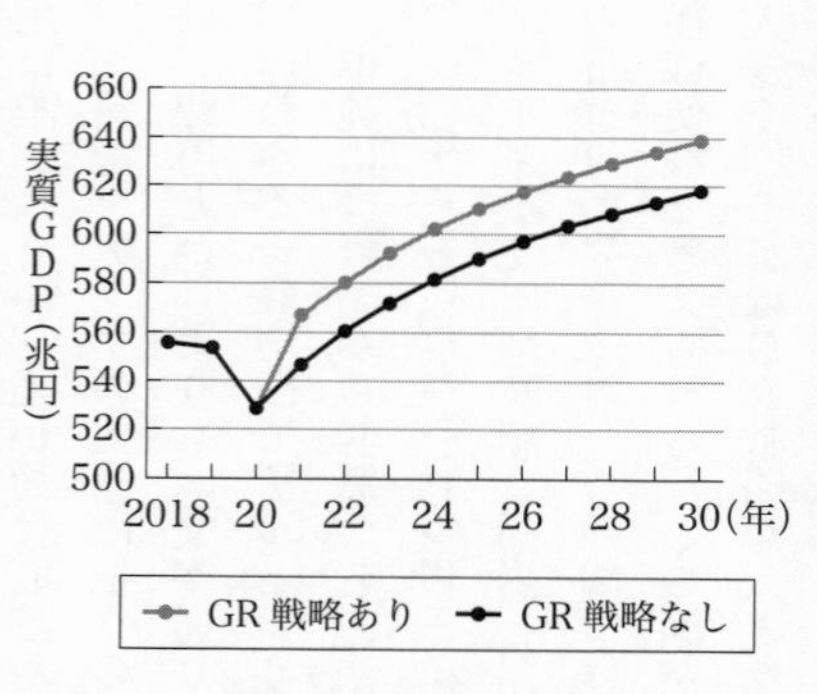

図5-2　GR戦略を実施した場合の2030年までの付加価値(GDP)増加額
「GR戦略なし」は政府が試算(想定)しているGDP(ベースラインケース).

付加価値の計算方法は以下の通りである。まず、GR戦略を実施した場合の付加価値は、政府試算GDP＋GR戦略投資効果－エネルギー支出減少額＋消費シフト効果＋投資シフト効果＋輸入減少額、とした（以下の数値はすべて累計）。この式で、GR戦略投資効果（二〇二兆円）は、表5-2で示した投資額の値を用いた。エネルギー支出減少額（一二九兆円）は家計・企業のエネルギー支出額（エネルギー最終消費［産業・民生・運輸すべて］の各種エネルギー量に単価を乗じたもの）の減少分であり、それを石油・石炭製品産業や電気・ガス産業の売上減少額としてここでは差し引いた。消費シフト効果は、家計が節約した電気・ガス・ガソリン等の全エネルギー支出（四三・六兆円）の〇・六七九倍（過去二〇年間の平均消費性向の最低値）が別途消費に回るとした（二九・六兆円）。投資シフト効果は、企業が節約した全エネルギー支出（八五・七兆円）の〇・五九倍（過去五年間の企業の設備投資と経常利益の比率）が別途投資に回るとした（五〇・六兆円）。化石燃料の輸入減少額は累計で五一・七兆円である。

既存技術のみで九三％CO_2削減が可能

図5-3は、GR戦略におけるエネルギー起源CO_2排出量削減の内訳を示す。「残り排出」というのは削減されずに残っているCO_2排出量で、「BAU」は前出の対策なしケースでのCO_2排出量である。

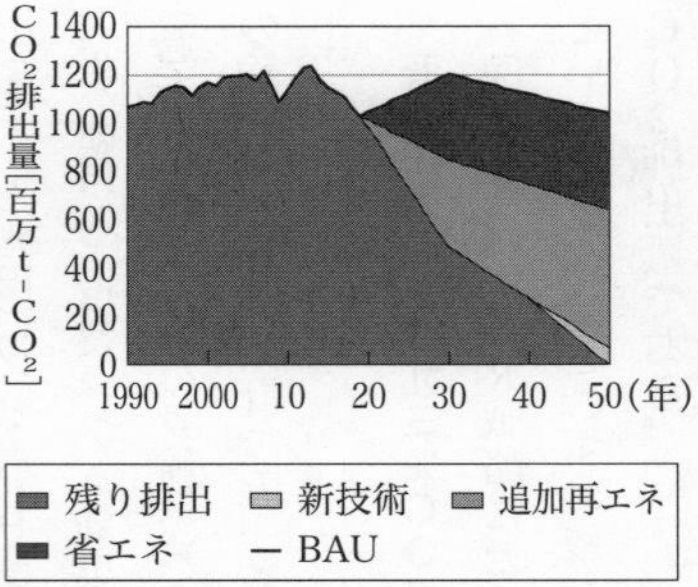

図5-3　GR戦略におけるエネルギー起源 CO_2 排出量削減の内訳
BAUは排出量予測の上限値.

この図が示すように、ＧＲ戦略では、省エネ・再エネの既存技術のみで二〇三〇年に一九九〇年比五五%減（二〇一三年比六一%減）、二〇五〇年に一九九〇年比九三%減となる（二〇三〇年における削減量は七・一四億トンＣＯ２）。既存技術のみでは削減が難しい分野（船舶・航空燃料と、鉄鋼などの素材産業高温熱利用）でも、現時点ではまだ実用化されていない新技術（水素還元製鉄や水素ジェット燃料など）の実用化を想定すると一〇〇%減（ゼロエミッション）が可能となる。なお、ここでのＢＡＵは原単位固定で政府長期エネルギー需給見通しに沿って活動量が増えた場合である。

この「省エネ・再エネの既存技術のみで二〇五〇年に一九九〇年比九三%減」というのはきわめて重要な数値であり事実である。なぜなら、政府や産業界が喧伝しているのは「二〇五〇年カーボンニュートラルには革新的技術が不可欠」という言説だからだ。政府は、その不可欠な部分がどれくらいの大きさかという定量的な数値は示しておらず、これからも示さない可能性がある（示したとしてもなるべく大きな数値にするだろう）。なぜなら、目標が達成できない、あるいは達成しなくても良いと考えている場合、曖昧にしておいた方が「革新的な技術の研究開発がうまくいかなかった」「技術の研究開発はそもそも難しい」という言い訳がうまく使えるからだ。その意味では、政府は新たな「神話」を作ろうとしていて、これまでよりもさらに強く革新的技術をスケープゴートにしようとしている。私たちは、そのような神話の打破を意識して、具体的な数値がともなったＧＲ戦略を作成した。

大気汚染による早期死亡の回避

レポート２０３０では、ＧＲ戦略を実施した場合のＰＭ2.5による二〇三〇年までの累計早期死亡回避数も計算している。早期死亡数とは、大気汚染がない場合と比べて追加的に増加する死亡者の絶対数であり、追加死亡者数あるいは過剰死亡者数とも呼ばれる。大気汚染物質に対する曝露によって特定の疾病（例：ＰＭ2.5の場合は、脳卒中、心筋梗塞、肺がんなど）による死亡率が上昇することから計算できる。

世界でも日本でも、科学的事実として、大気汚染による健康被害は終わった問題ではない。逆に、現実に大きな被害をもたらしており、かつ将来においても確実に被害をもたらす脅威となっている。たとえば、日本で石炭火力発電所や自動車などから排出されるＰＭ2.5などの大気汚染物質による早期死亡者数を、米健康影響研究所のコーエンらによる研究は年間六万一〇〇〇人と推定している(Cohen et al. 2017)。英医学雑誌『ランセット(*Lancet*)』の地球温暖化の健康影響を調べる「ランセット・カウントダウン」プロジェクトでは、現時点での各国の石炭火力発電からのPM2.5排出による早期死亡者数を明らかにしている。それによると、日本では年間で人口一〇〇万人あたり九・七四人が石炭火力発電所由来のPM2.5によって死亡している(Watts et al. 2018)。これは日本の人口を一・二億人とすると約一一七〇人(年間)となる。

また、現状での日本の一〇〇〇あまりの大気汚染物質測定局(一般環境大気測定局が七八五局、自動車排出ガス測定局が二二三局)でのPM2.5の環境基準達成率は、一般環境大気測定局で八八・七%、自動車排出ガス測定局で八八・三%であり、いまだにPM2.5に関しては環境基準を達成していない地域がある(環境省「平成28年度 大気汚染状況について」二〇一八年三月二〇日)。

さらに、日本のPM2.5の環境基準は年平均一五μg/m³であり、米国(年平均一二μg/m³)やWHO(世界保健機関)の推奨値(年平均一〇μg/m³)よりも緩い。すなわち、環境基準が他国よりも緩いにもかかわらず、それを達成していない測定局が存在するのが日本の現状である。

このような状況で、二〇一二年以降に日本各地で建設計画中の石炭火力発電所四〇基以上が稼働した場合、新たに一一七五人の早期死亡者が発生するという研究がある(グリーンピースジャパン・気候ネットワーク二〇一八)。

以上のような知見のもと、GR戦略による回避死亡者推算では、前出の『ランセット』による日本での石炭火力発電からのPM2.5排出による早期死亡者数(人口一〇〇万人あたり年間九・七四人）を用いた。具体的には、この数値と、①政府対策下での二〇三〇年の石炭火力からのPM2.5排出量は直線的に半減、②GR戦略では直線的にゼロ、という二つの想定から、GR戦略を実施した場合の二〇三〇年までの累積の回避死亡者数を求めたところ二九二〇人となった。

電力価格は安くなる

レポート２０３０では、GR戦略を実施した場合、化石燃料費低減によって二〇三〇年の発電コスト総額は政府シナリオよりも低減することを示している。一方、発電コスト単価は、二〇三〇年以降に政府シナリオの単価を下回る。これらは、各発電エネルギー技術の均等化発電原価（LCOE：建設費や運転維持費・燃料費など発電に必要なコストと利潤などを合計して、運転期間中の想定発電量をもとに算出する標準的な発電コスト比較のための指標）を用いて計算している。なお、再エネ単価のうち太陽光と風力は、普及によるコストダウンの結果、二〇三〇年に少なくとも二〇一八年の国際価格に収斂すると想定した。火力発電燃料の価格は、国際エネルギー機関（IEA）の「世界エネルギー見通し」二〇一九年版の日本の輸入価格の将来見通しを用いた。

この「日本の再エネ単価は二〇三〇年に二〇一八年の国際価格に収斂（例：太陽光は一〇円／kWh）」という想定は、現状の価格低下傾向を考慮すると、きわめて保守的な想定だと考えられる。なぜなら、最近、日本で実施された太陽光の入札（電気事業者による再生可能エネルギー電気の調達に関する特別措置法に基づく太陽光第六回入札：令和二年度上期分：二〇二〇年一一月六日発表)での平均的な落札価格は、一一円／kWhとなっている。

なお、国内外の研究においても、エネルギー転換を実施した方が電気代は下がることを示している研究は多い(たとえば、LUT and EWG 2019)。また、米カリフォルニア大学バークレー校の研究者グループによる米バイデン大統領の選挙中からの公約「二〇三五年電力部門実質ゼロエミッション」に関する研究(The Report 2035とよばれている)でも、バイデン公約シナリオを現行の政策シナリオにおける電気代と比較している(Phadke et al. 2020)。それによると、「二〇三五年電力部門実質ゼロエミッション」のシナリオ(原発割合は約二割で現状と変わらず)では、炭素の社会的コストや大気汚染被害などの環境コストを考慮すると、二〇三五年時点で現行シナリオに比較してはるかに電気単価(卸売価格)は小さく、環境コストを考慮しない場合でも、二〇三五年時点までほぼ変わらない。また、電気代そのものも現在よりも安くなる。日本に関しては、自然エネルギー財団による二〇五〇年の電力価格の分析が同様の結果を示している。

日本において電力価格を議論する場合、政府が二〇一五年に発表した電力コスト比較(原子力発電のコストが最小で、二番目に小さいのが石炭火力発電になっている)をアップデートしていなかったことが根本的な問題としてある。二〇二一年三月末、ようやく経産省は総合資源エネルギー調査会のもとに発電コスト比較のワーキンググループを立ち上げた。しかし、そこでは事務局が、①原発の建設費は福島第一原発事故前から比べて三割程度しか上がっていない(英国などで実績は二倍以上)、②事故が起きる確率は事故前よりも小さくなっている、③稼働期間は六〇年に延ばせる(政府が決めた四〇年ルールを反故)、④稼働率は欧米並みの八〇%が可能(日本の実績は七〇%以下)、などと整理しようとしていて、五年前と同じように「原発は安い」という神話が再び作られ、それがさらに五年間維持される可能性がある。

一方、米国のエネルギー情報局(EIA)という政府の公的機関は、トランプ政権下においても、毎年、各種発電エネルギー技術の発電コスト比較を公表し、そこでは再エネが原発や石炭火力よりもはるかに安いことが具体的に示されている。この点に関してだけでも、日本においてエネルギー・デモクラシーが確立するのはまだまだ先だと思ってしまう。

電力需給バランス(安定供給)の検証

どのようなシナリオにおいても電力需給バランスの安定性は重要である。実際に、風力・太陽光発電(以下、風力・太陽光)は、気象条件などによって出力が変動する特徴がある。したがって、私たちは、GR戦略における再エネと省エネの想定導入量のもと、①日本全体、②東日本と西日本の電力管区、③大手九電力各管区、の三つの場合において、風力・太陽光を大量に電力網に連系し、かつ、原子力と石炭火力を削減する場合について、二〇三〇年および二〇五〇年の電力需給バランスを推計した。特に、過去三年間で、残余需要(ここでは、太陽光や風力、水力、バイオマス、地熱などの再エネで満たせない電力需要、すなわち火力発電や原子力に対する電力需要)が最大の日、および再エネ供給が最小の日の二つの日に注目し、そのような再エネの貢献が小さい状況での需給バランスを明らかにした。同時に、供給不足になった場合の対応策としての柔軟性手段についての具体的なオプションを、各電力管区に対して検討した。

このようなシミュレーションの結論として、二〇三〇年と二〇五〇年を考えると、二〇五〇年は再エネと各種対策(地域間融通、デマンドレスポンス、揚水発電、蓄電、電力・熱・輸送などのセクター間あるいはセクター内でのエネルギー融通を活発化させるセクター・カップリングなど)で対応可能であり、十分なストレージ(揚水発電、蓄電池など)の確保により需給バランスは問題ないことがわかった。なお、デマンドレスポンス(Demand Response)とは、「市場価格の高騰時または系統信頼性の低下時において、電気料金価格の設定またはインセンティブの支払に応じて、需要家側が電力の使用を抑制するよう電力消費パターンを変化させること」と定義される。実は、すでに電力の大口消費者に対して、電気料金割引の見返りに電力需給が逼迫した際に消費を抑えるよう求める需給調整契約の仕組みは存在する。しかし、これまで十分に活用されていなかった。一方、エネルギー転換途中の二〇三〇年の需給では、東日本三電力(五〇Hz領域)と中・西日本六電力(六〇Hz領域)に分けた場合、共に十分な予備率を確保でき、東西比較をすると相対的には中・西日本の方が余裕は小さいことがわかった。

大手九電力会社の電力管区別にみると、大半の電力管区で二〇三〇年に単独で十分な予備率が確保できることがわかった。一方、北陸電力および四国電力では、時間帯によっては、他地域からの送電などに一部依存する可能性があることがわかった。特に、北陸電力管区は、原発と石炭火力への依存度が他の電力会社管区よりも高いため、GR戦略のシナリオでは、一部時間帯に他社からの送電などに依存しなければならない可能性がある。

ただし、この需給バランスの調整には、多くの選択肢がある。第一に、北陸電力管区は、関西電力管区との間に運用容量一九〇万kW、中部電力管区との間に運用容量三〇万kWの地域間連系線を有し、この連系線を利用した送電を考慮すると一〇%以上の予備率がある。送電には連系線の余裕と他地域の発電の余裕が必要だが、西日本ではLNG火力には余裕がある。第二に、地域間連系線増強として、関西電力管区・中部電力管区との間だけでなく、風力が豊富な東北電力管区（注：五〇Hz領域）との直流送電線も将来考えられる。第三に、地域内での需給を改善する方策として、①デマンドレスポンス、需要シフト、②省エネ普及強化、③域内送電線強化と再エネ電力普及強化、④揚水発電強化（現在、電源開発が中部電力と共用する揚水発電所の中部電力使用分の移管を含む）、⑤蓄電設備普及、⑥電気自動車（EV）等の積極的利用、⑦LNG火力転換（現在、北陸電力が管区内に保有する旧型石油火力設備一二五万kWのうちLNG転換計画のない七五万kW分の追加が可能)、⑧逼迫があった時に備え需給調整契約の用意(二〇一六年夏季には北陸電力の随時契約分二〇万kWを用意した)、などがある。

四国電力管区は、関西電力管区との間に運用容量一四〇万kWの地域間連系線、中国電力管区との間に運用容量一二〇万kWの地域間連系線を有する。二〇三〇年需給バランスの推計結果によると、最大で連系線の約四分の一強しか使っておらず、この連系線を利用した送電を考慮すると三〇%以上の予備率がある。他地域の発電の余裕としては、西日本のLNG火力に余裕がある。一方、地域内での需給を改善する方策として、①デマンドレスポンス、需要シフト、②省エネ普及強化、③域内の送電線強化と再エネ電力普及強化、④揚水発電強化、⑤蓄電設備普及、⑥EV等の積極的利用、⑦LNG火力転換(現在、四国電力が敷地内に保有する旧型石油火力が一三五万kWあり、このLNG転換で最大一三五万kW追加可能)、⑧逼迫時に備えた需給調整契約の用意(二〇一六年夏季に四国電力は随時契約分四〇万kWを用意した)、などがある。

なお、前出の米カリフォルニア大学バークレー校の研究者グループによる研究でも、バイデン公約シナリオの場合の需給安定性を、私たちのレポート2030とほぼ同様の方法論を用いて検証している。それによると、過去七年間の地域ごとの需給データを用いた場合、米国の「二〇三五年電力部門実質ゼロエミッション」は、蓄電などの対策をとれば可能で、米国全体でも各地域でも需給バランスに問題ないと結論づけられる。

雇用の公正な転換

日本でのエネルギー転換に伴う雇用の転換を議論する際には、まず現状の各産業の雇用状況や付加価値の正確な把握が不可欠だ。次に、エネルギー転換で新規に創出される雇用などと比較する必要がある。同時に、世界の趨勢やビジネス環境の変化に対する考慮も必要である。

表５-３は、エネルギー転換で影響を受ける六大CO_2排出産業（電気業、石油精製業、鉄鋼業、化学工業、窯業土石製品製造業、パルプ・紙・紙加工品製造業）の現時点の雇用と付加価値（企業が新たに生み出した経済的価値。この合計が日本全体のＧＤＰとなる）を示している。政府資料を分析した気候ネットワークの研究によると、二〇一六年度の日本の温室効果ガス排出量の五〇％を一二四の発電所と工場で排出しており、一二四事業所のすべてが、この六大CO_2排出産業に属する事業所であった。また、七七発電所の排出量が日本の排出量の約三分の一を占め、その半分（日本全体の一七％）が三五の石炭火力発電所から排出された。

この表が示すように、現時点でのこれらの産業分野・業種の雇用数も付加価値も、日本全体の一％以下となっている。日本でも産業の構造転換がすでに進んでいることを示している。

図５-４は、日本でのエネルギー転換による雇用転換のイメージを示している。エネルギー転換で影響を受ける方の現在の雇用数は、前出の六大CO_2排出産業一五万四〇二人と原子力

表 5-3　エネルギー転換で影響を受ける 6 大 CO_2 排出産業の雇用と付加価値(2016 年度)

産業分野名	従業者数(人)	雇用者割合(%)	付加価値額(百万円)	日本全体のGDPに対する付加価値額の割合(%)
電気業				
石炭火力発電所	2,841	0.00	208,303	0.04
石油火力発電所	2,488	0.00	45,190	0.01
天然ガス火力発電所	4,682	0.01	298,252	0.06
その他				
石油精製業	10,979	0.02	543,186	0.10
鉄鋼業				
高炉製鉄業	36,257	0.06	493,591	0.09
化学工業				
無機化学工業製品製造業				
ソーダ工業	3,101		52,845	
有機化学工業製品製造業				
石油化学系基礎製品製造業	5,183		308,820	
脂肪族系中間物製造業	10,120		510,725	
環式中間物・合成染料・有機顔料製造業	13,747		385,432	
プラスチック製造業	32,789		912,021	
窯業土石製品製造業				
セメント製造業	4,671		158,053	
パルプ・紙・紙加工品製造業				
パルプ製造業	1,855		16,088	
紙製造業				
洋紙・機械すき和紙製造業	21,688		568,545	
合計	150,402	0.26	4,501,051	0.86

注：この表では，直接的に影響を受ける分野のみを示している．たとえば，鉄鋼業の電炉分野などの従業者数は示していない．出典は経済産業省「工業統計」2017 年版など．

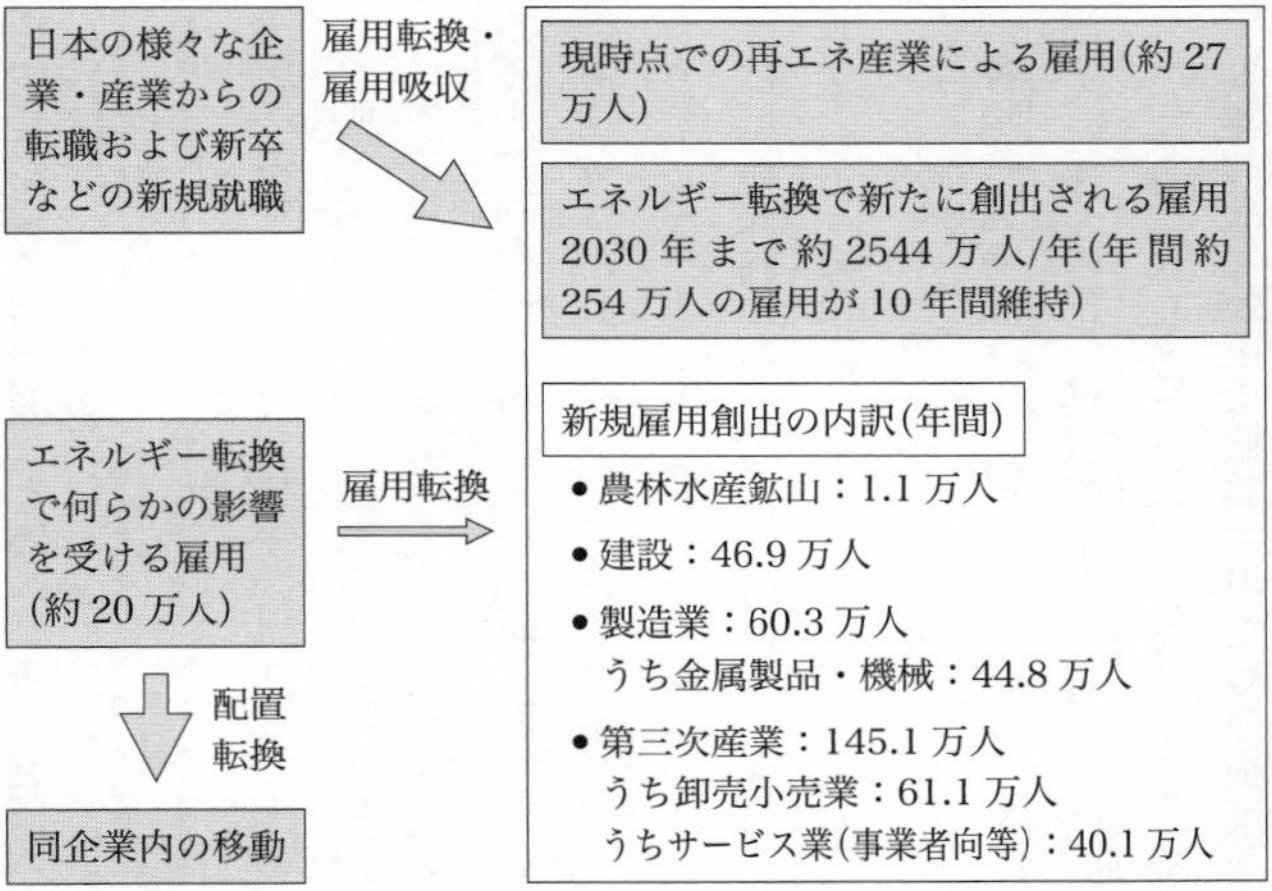

日本の様々な企業・産業からの転職および新卒などの新規就職

雇用転換・雇用吸収

現時点での再エネ産業による雇用(約27万人)

エネルギー転換で新たに創出される雇用 2030年まで約2544万人/年(年間約254万人の雇用が10年間維持)

新規雇用創出の内訳(年間)

- 農林水産鉱山：1.1万人
- 建設：46.9万人
- 製造業：60.3万人
  うち金属製品・機械：44.8万人
- 第三次産業：145.1万人
  うち卸売小売業：61.1万人
  うちサービス業(事業者向等)：40.1万人

エネルギー転換で何らかの影響を受ける雇用(約20万人)

雇用転換

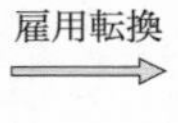

配置転換

同企業内の移動

図5-4　日本でのエネルギー転換による雇用転換のイメージ図

発電業四万八五三八人（日本原子力産業協会）の総和である約二〇万人であり、新規雇用の方は投資額から産業連関表で計算した将来の推算値である（二〇三〇年までに年間約二五四万人の雇用が一〇年間維持）。また、国際再生可能エネルギー機関（IRENA）は、二〇一九年時点での世界全体の再エネ産業の従業者数は約一一五〇万人（二〇一二年と比べ五割以上増加）、同じ年の日本での再エネ産業従業者数は約二七万人としている。すなわち、図5-4は、これらの数字を整理したものである。

もちろん、現在の雇用数と将来の推算値とを単純に比較するのは問題であるという議論は可能だ。しかし、エネルギー転換や「二〇五〇年カーボンニュートラル」が雇用面でどのような影響を与えるかのイメージや規模感をつかむことは可能だと思われる。実は、IRENAのグリーン・リカバリーに関する報告書(IRENA 2020)には、この図と同様のグラフがある。そこでは、二℃目標達成に整合するようなIRENAのエネルギー転換シナリオでは、世界全体で主に再エネ・省エネ関連でエネルギー分野のみで二〇二三年に年間五四九万人の新規雇用が創出される一方で、化石燃料・原子力発電分野において年間一〇七万人の雇用転換が必要になるとしている。また、米国のE2というシンクタンクによると、二〇一九年時点で、米国のクリーン・エネルギー分野、すなわちエネルギー効率向上、再エネ、系統管理および蓄電、クリーン自動車、クリーン燃料の五つの分野の雇用数は合計で約三三五万人であり、化石燃料・原子力発電分野の雇用数(それぞれ約一一九万と約七万人)よりもはるかに大きい。そして、全体として、クリーン・エネルギー分野の雇用数は増加傾向にあり、化石燃料・原子力発電分野の雇用数は減少傾向にある。すなわち、図5-4のような状況はすでに現実となっている。

エネルギー転換に伴って発生する雇用の転換をどのようにスムーズかつ「公正」に進めるかは各国共通の悩みだ。特に、米国、カナダ、EU、中国、オーストラリアなどの化石燃料を産出し、多くの化石燃料産業従事者を国内に抱えている国にとっては非常に深刻な問題だ(ゆえに、日本は温暖化対策で相対的には「勝者」になることを示す研究は多くある)。

具体的な「公正な転換」のための施策としては、失業対策(社会保障、職業紹介、職業訓練、金銭補償）、住宅・教育対策、地域における新たな雇用の創出、低所得者のための特別制度（例：エネルギー・チェックと呼ばれる、自動車などを使わざるを得ない地方居住者や低所得者に対して一律にエネルギー補助金を払う制度）、などが考えられる。単なる金銭的な失業補償だけでは不十分で、受動的ではなく能動的な施策が求められる。また、雇用が発生する場所と喪失する場所の地域的な相違、労働者年齢、スキルなども考慮する必要がある。再エネや省エネに関わる仕事に就業する場合の優遇措置も考えられる。すなわち、非常にきめ細やかな対応が必要となる。

なお、再エネ、特に農地および耕作放棄地で発電と農業の両方を営むソーラー・シェアリング（営農型太陽光発電）や地域資源を用いたバイオマス発電などは、農村部での安定した仕事を供給し、地域経済の活性化に貢献するという特徴を持つ。実際に、再エネが導入されると地域の雇用が拡大されることは定量的にも明らかになっている。たとえば、地球環境戦略研究機関（IGES）の栗山昭久研究員らは、特に北海道地域と東北地域で再エネ導入により雇用が拡大することを定量的に示している。また、第3章でも述べたように、地域での再エネによる電力自給率が向上すれば地域社会の経済循環率も向上し、地域外への資金流出を防ぐことができる。すなわち、GR戦略によって地域が豊かになる。

一九五〇年代後半から六〇年代前半にかけて、日本も大きなエネルギー転換期を経験した。すなわち、石炭から石油への流れのなか、多くの炭鉱閉鎖によって、二〇万人以上の雇用が失われた。このようなエネルギー転換の時代を、日本は、政府、労働、使用者の協力で乗り越えたとされている。具体的には、炭鉱労働者の離職や産炭地振興に関する「臨時措置法」や「雇用対策法」が制定され、雇用促進住宅や職業訓練、手当支給、年金上積等が実施された。一方で、炭坑閉鎖を巡って様々な問題も発生した。単純に比較するのは難しく、かつ現在のエネルギー転換に伴う雇用転換はより広い範囲にわたる可能性はある。しかし、完全に失業する人数や規模という意味では、エネルギー転換に伴う雇用転換は、かつての日本での炭鉱閉鎖による雇用転換に比較すると小さいとも考えられる。

否定できない現実として、ハイブリッド車を含めたガソリン自動車の製造・販売禁止および電気自動車の普及拡大に関する世界的な動きなど、エネルギー転換は予想以上の速さで進展している。再エネ電力の使用を自社だけでなくサプライチェーン企業に対しても要求する世界企業も多くなっている。すなわち、ビジネス環境が否応なく変化しており、生き残っていくためには企業は対応せざるを得ない。しかし、日本ではエネルギー転換に伴う雇用転換について、政府も企業も、労働組合もあえて議論しない風潮があり、このままでは二〇五〇年カーボンニュートラルへのソフトランディングは不可能になる。

表5-2で示した総額約二〇二兆円(年平均約二〇兆円)の投資資金のうち、大きな部分(年平均約一五兆円)は基本的に、パフォーマンス型の支援制度(例：再エネ固定価格買取制度)や省エネ規制、環境税のようなインセンティブ制度や公的融資制度などを整備すれば、民間企業や家計が自己資金や借り入れで賄うことができる民間資金が主となる。元がとれる投資であり、その原資は、今まで国外流出していた化石燃料輸入費(年間約二〇兆円)である。

一方、総額約二〇二兆円のうち、約五一兆円(年平均五兆円)がエネルギー供給インフラ等に対する公的資金による財政支出となる。省エネ・再エネ投資に関する公共の相談窓口の設置など人的インフラも、公的資金で賄われる。省エネ・再エネ投資を行なう企業や家庭に対する部分的な補助金や、政府系金融機関等への利子補給が行なわれる場合、公的資金が若干増加する可能性があるものの、その分民間の出費が減るので、全体の投資額には影響しない。

公的資金の調達方法には増税と国債発行の二種類がある。コロナ不況の現状では、増税が経済や財政を悪化させる可能性もあり、ここでは増税による財源調達は想定していない。必要な予算項目や資金は、一般会計予算の公共事業費として、建設国債の発行で賄う(エネルギー特別会計や、地方自治体の支出に対する交付税措置等で取り扱う方が適当な場合は、そのようにするものの、最終的に国債発行で資金調達する点は同じ)。

建設国債の返済(償還)に関しては、次の二つの考え方がある(以下の議論は東京経済大学の佐藤一光准教授の論考に基づく)。

第一は、国債償還を必要とするものである。日本では、国債償還は六〇年償還ルールに則って行なわれている。これによれば国債を完全に返し切るために必要な税収は、毎年度、国債発行額の六〇分の一ずつ確保すればよいことになる。たとえばある年度に六兆円の国債を発行した場合、公共事業の効果によって税収が増え、毎年一〇〇〇億円ずつを積み立てることができれば問題ない。一〇年債の場合は、一〇年ごとに当初借入額の六分の一ずつを償還すれば、残りは借り換えられる。国債の償還や借り換えは、他のあらゆる既存の国債と一緒に行なわれる。

第二は、国債の元本は償還し切らないという考え方である。国債の満期(一〇年債なら一〇年経過後)が来たら、借り換え債を発行して償還の資金を賄い、国債残高は維持するということは、他の主要国や日本でも普通に行なわれている。財政健全性の目安の一つに「国債残高対名目GDP比率」がある。国債残高を一定に保てば、GR戦略が功を奏して名目GDPが成長するにつれて、この比率は低下していく。

他方で、近年では、通貨発行権を有し、変動相場制をとり、自国通貨建て国債のみを発行する政府は、財政破綻の懸念は不要だという考え方(現代貨幣理論：MMT)もある(MMTに関しては第6章で詳述)。この考え方に基づけば、国債残高にかかわらず、物価安定に配慮しつつ積極財政政策をとることが可能である。諸外国のグリーン・ニューディール提案のいくつかは、背景にこのような考え方がある。

以上を踏まえると、ＧＲ戦略において二〇三〇年までに必要な公的資金（年間約五兆円）の取り扱いに関しては、具体的に以下の三つのオプションがある。

オプション１：現行の公共投資と同様の方法を採用（一般会計に計上し、国債の発行で経費を賄う。通常の六〇年ルールに基づいて償還。償還財源は税制全体を総合的に見直すなかで捻出）。

カーボンニュートラルを実現するために必要な財政支出は、送配電網や熱供給、運輸、公営住宅の断熱化などのインフラ投資が中心であり、これまでの財政運営と同様の方法で財源を調達することが考えられる。専門家支援・人材育成や労働力の円滑な移行に関しては、雇用保険等のスキームを利用することができる。早期の〝リカバリー〟を意識するならば、短期的な赤字支出や積立金の取り崩しが必要となる。

地域交通や地域熱供給システムなど、地方政府における公共投資に関しても、これまでの財政技術が応用可能である。具体的には、国は一定の補助率を設定した上で、地方自治に基づいて地方政府が一旦地方債を発行して公共投資を行ない、その地方債の元利償還金を交付税における後年度措置で補償するという方法である。

財政運営としては、財源のことは別途議論することになる。これまでも国債は発行され続けており、一般会計の財政赤字は中長期的なコントロールが必要となるからである。もっとも、当て込むべき財源がまったくないわけではなく、所得税の金融所得課税の軽減税率の廃止は再分配政策からの要請として正当であり、炭素税の引き上げや相続・贈与税の強化は次世代の環境改善という形で広く便益がある。二〇一六年にジョセフ・スティグリッツが国際金融経済分析会合で提案したのは、炭素税、相続税、法人税、金融取引税の引き上げと税制における再分配機能の強化であった。

オプション2：エネルギー対策特別会計の枠組みを利用（歳出は「エネルギー対策特別会計（エネ特会計）」に計上し、国債の発行で経費を賄う。通常の六〇年ルールよりも早いペースで償還。財源は石油石炭税や地球温暖化対策税の引き上げによって捻出）。

環境・エネルギー政策において重要な役割を担っているのがエネ特会計である。特別会計は一般会計とは異なり、基金や負債の積立を行なうことができる。GR戦略に必要な公共投資や民間投資への補助金は、脱炭素化や省エネといった支出の目的からして、これまでエネ特会計から拠出されてきた「エネルギー需給構造高度化対策」に属する。短期的にはエネ特会計における国債発行によって経費を賄うことは妥当であると考えられる。

エネ特会計における国債償還財源としては石油石炭税が考えられる。同税はすでに「地球温暖化対策のための税」として炭素税化が図られており、国債償還財源として炭素税は理念的に合致する。しかし、ゼロエミッションへと近づくにつれて炭素税収は漸減していくため、償還期間をゼロエミッション達成の二〇五〇年から逆算すると、かなり高い炭素税率が必要となることが想定される。したがって、再エネ電力を含む一般的なエネルギーに対する課税へと、漸進的に移行させることも一案である。また、高い炭素税率は逆進性があるほか、輸出を減らし、輸入を増やすといった経済的な悪影響があるため、別途再分配政策や国境税調整等によって政策的な補完を行なう必要もある。

オプション3：東日本大震災時の対応のようにGR／GND特別会計を新規創設（歳出はGR／GND特別公債のようなものを発行。年限は超長期（三〇年）とし、償還については棚上げ）。

二〇二〇年のコロナ禍は、過去の大災害に匹敵するほどの社会的なインパクトを持っている。二〇五〇年にゼロエミッションを実現し、脱炭素社会へと移行することも歴史上の転換点といって良い。このような大事業に対処する場合、既存の財政の枠組みに囚われすぎると政策がスムーズに進まないかもしれない。そこで、GR戦略を実現するための特別会計を新設することも考えられる。歳出のスキームとしては変わらないが、発行する公債について、正当と考えられる範囲で自由に設計することができる。

たとえば、二〇五〇年に向けた超長期の三〇年債を発行し、六〇年ルールを適用せずに三〇年間償還を棚上げすることが考えられる。その間に既発債の年限ごとのバランス調整を図り、三〇年後から償還を開始することも考えられるし、三〇年後に借換え債を発行してさらに棚上げするということも考えられる。借換え債の場合は日銀引き受け(借換えは法的には可能)を想定し、経済状況等を鑑みて超長期的に国債管理を行なう。さらに野心的であれば、ゼロ・クーポン債や永久国債、一〇〇年債などのオプションも考えられる。欧州諸国で発行されているグリーンボンドやグリーン公的機関債も、このオプションに含まれる。

以上、本章では、筆者たちが提案しているGR戦略についてエッセンスを紹介した。GR戦略は、欧州グリーンディール、韓国ニューディール、そしてバイデン米政権の気候変動・エネルギー政策など、景気回復や雇用創出、そして脱炭素をめざしている政府レベルの具体案を参考にして作成した。このGR戦略によって、日本でのグリーン・ニューディール、グリーン・リカバリー、エネルギー基本計画改訂、温室効果ガス排出削減数値目標引き上げ、そして「二〇五〇年カーボンニュートラル」に関する具体的な議論が深まることを期待したい。

次章では、このようなグリーン・ニューディールが持つ課題を中心に、今後のエネルギー転換や温暖化対策に関わるアクションが持つ全体的な問題点について展望する。

第6章

グリーン・ニューディールの課題

グリーン・ニューディール世代

米バイデン政権発足後、気候変動問題に関わっている人々の中で最もハッピーな気分なのは、米国のサンライザーたちだろう。筆者がそう思う理由は、「グリーン・ニューディール世代（Generation Green New Deal）」という、サンライザーたちがやっているポッドキャスト（二〇二一年二月一六日配信）を聴いたからだ。それは、「グリーン・ニューディールの時代が始まった（The Decade of the Green New Deal Has Begun）」というタイトルの番組で、サンライズ・ムーブメントの創始者であるヴァルシニ・プラカシュ（写真）、カナダ人ジャーナリストのナオミ・クライン、米国の気候変動ＮＧＯの350.orgを主宰するビル・マッキベンの三人へのインタビューが中心となっている。三人に共通しているのが「高揚感」だ。

実際に、ヴァルシニ・プラカシュは、二〇二〇年の大統領選挙の予備選ではバーニー・サンダース議員の陣営にブレーンとして入り、サンダース議員が予備選から撤退した後は、バイデン元副大統領（当時）の陣営に入った。現在のバイデン政権のエネルギー・気候変動政策の政策作りにも関わっており、今のところ、彼女らの要求はすべてではないもののかなり通っている。

また、ナオミ・クラインは「バイデンが自分で変わったのではなく、私たちがバイデンを変えた」、ビル・マッキベンは「若者たちはオルガナイズされた。残るのは老年世代だ」と、それぞれ熱く語っている。将来に対して三人とも楽観的であり、希望感に満ちた雰囲気がストレートに伝わってくる。

しかし、グリーン・ニューディールが完璧であり、すべてが順風満帆に進んでいるわけではまったくない。逆に、議論は混乱しており、様々な議論や批判が内からも外からもたくさん出ている(正当なものも正当でないものもある)。そもそも、パリ協定の全体目標である二℃目標や一・五℃目標の達成が見えてきたわけでもない。課題は山積しており、すべてがこれからだ。

ナンシー・ペロシ議員の議員室を占拠した際にインタビューを受けるヴァルシニ・プラカシュ
出典：サンライズ・ムーブメントの HP

本章では、グリーン・ニューディールが持つ課題を中心にしつつ、対象を少し広げて、パリ協定の目標を達成するための様々なアクションや今後の国際社会が持つ全体的な課題について考える。世界と日本の状況の違いや個別企業の動きなども考察し、最後の方では、日本でベストセラーになっている斎藤幸平氏の『人新世の「資本論」』(集英社新書、二〇二〇年)についてコメントする。

多くて、曖昧なアジェンダ

本書で述べてきたように、グリーン・ニューディールは「ガバニング・アジェンダ(指導的課題)」であり、多くの問題を包括する考え方とされる。「これまで結びついていなかった問題群や支持者たちを、共通の価値観によって結びつける政治的編成(political alignments)」という言い方もされる。

そう定義される理由は、第一義的に、気候変動の問題が実際に、貧困、差別、格差などの問題とリンクするからだ。そのため、サンダース議員のグリーン・ニューディール案には、賃金保障や学校給食プログラムなども含まれている。その財源として富裕層の税率引き上げなどが想定されている。背景には、序章でも述べたように、貧しい人々や差別されている人々の方がより大きく気候変動の悪影響を受けることを示す多くの実証研究の存在がある。

第二義的には、気候変動問題が他の問題と関係していることを強調することによって、気候変動対策の必要性に対する賛同者を増やしていくという戦略的な理由もある。仲間をなるべく増やして、声を大きくしようということだ。これは、他の問題に関わっている人々にもメリットがある。グリーン・ニューディールという名のもとに、いろいろな要求を同時に進めることが可能となるからだ。これも、それぞれが戦っている相手が、同じ人、企業、そして社会の仕組み(システム)であって、かなり重なっているという背景がある。

このようなイシュー・リンケージ(ある問題を他の問題と結びつけること)に対しては批判が必ず出てくる。たとえば、オカシオ＝コルテス米下院議員が議会に提出したグリーン・ニューディール決議案には、雇用保障などが入っており、気候変動問題とは関係ないと共和党議員は一斉に批判した。

また、言うまでもなく、米国と他の国は違う。日本にも多くの社会問題があるが、たとえば、有色人種や先住民への差別の問題は、米国に比べて目に見えにくい。白人至上主義と国民皆保険と温暖化問題との関係と言われてもピンとこない日本人は多いだろう。すなわち、各国で状況が異なるので、それぞれの地域での政治社会状況や文脈に沿ったグリーン・ニューディールが求められる。

ただし、日本では、六〇年代や七〇年代の公害問題とは異なり、環境問題、特に地球環境問題は、一部の経済的に余裕がある人や「意識高い系」の若い人たちが勝手に騒いでいる問題というイメージを持っている人が多いように思う。実際に、気候変動問題に関わっている人々と、脱原発、貧困・格差、差別、開発問題、武器輸出反対、ビーガンなどの運動に関わっている人々とのつながりは、それほど強くない。その意味では、日本ではイシュー・リンケージの伸び代は大きい。このことを日本のグリーン・ニューディーラーは強く意識する必要がある。

アジェンダの曖昧さもある。ある程度は仕方がないかもしれないが、たとえば最も議論されるべきなのにほとんど議論されていないのが、「システム・チェンジ」というキーワードだ。具体的にチェンジすべき対象は何なのか？　資本主義というシステムなのか？　新自由主義というシステムなのか？　市場主義なのか？　様々な差別なのか？　資本主義の中の私有制なのか？　私有制の中の何の私有が問題なのか？　大量生産・大量消費という産業社会システムなのか？　これらに対する共通認識のようなものはなく、少なくとも日本では深い議論もされていない。システム・チェンジというチャント(かけ声)を叫んでいる人々は、多くの場合、同床異夢だ。

過激すぎるアクション？　ゆるすぎる組織？

アクションの仕方や程度に関しても、様々な議論がある。グレタ・トゥンベリが始めたFridays for Future(FFF)も、サンライズ・ムーブメントも、Extinction Rebellion(絶滅への反乱：略称XR)も、暴力を否定するのは共通である。しかし、グレタは学校に行くことを止めた。サンライザーは、ペロシ下院議員の議員室を占拠した。XRは道路を封鎖し、電車を止め、ドローンを使ってのロンドン・ヒースロー空港の封鎖も検討していた(空港封鎖は　最終的には実行されなかった)。

当然、このようなアクションを過激と批判する人は多くいる。英国では、XRのアクションに対して「アナーキズム(無政府主義)」というレッテルが貼られ、国家や政府による統治を否定するものという批判が出た。

英国のテレビ番組で、XRのメンバーが登場するのを見たことがある。そこでは、司会者が「あなたたちがやったような過激で、人に迷惑を与えるようなアクションをとらなくとも、気候変動問題の重要性を訴えることはできたのでは?」と質問していた。その時のXRメンバーの答えは、「私たちが、あなたが人に迷惑を与えると考えたようなアクションを取らなければ、今、このような場で私たちが、あなたたちのようなメディアに呼ばれて、話をする機会を与えられることはなかったでしょう」であった。XRメンバーの言うことに一理はあるものの、実際に、乗りたかった電車に乗れなかった人などの中には、そのような答えに納得しない人もいるだろう。

XRの主要メンバーの一人にファハナ・ヤミン(Farhana Yamin)という著名な国際法学者がいる。彼女は、温暖化対策の国際交渉で途上国側の意見のまとめ役を長く務め、理知的な人柄で知られている。彼女は、私も関わっているクライメート・ストラテジーズ(Climate Strategies)という国際的な研究者グループのヘッドを一時期務めていたため、個人的にも知っている。講演のために日本に呼ぼうとしたこともあった。その彼女が、ロンドンにある国際石油会社ロイヤル・ダッチ・シェルの建物の玄関の地面に、瞬間接着剤で両手を貼り付け逮捕された（写真）。

接着剤でロンドンのシェルの社屋前の地面に両手をつけ逮捕されたファハナ・ヤミン
出典：XRのツイッター・アカウント

瞬間接着剤で床や壁に手をつけるというのは、XRの主要なアクションの一つになっている。言うまでもなく、このアクションをとれば、警察などが乱暴に拘束したり、排除したりすることができなくなるため、主張やアクションをアピールする時間が稼げる。

ファハナ・ヤミンが接着剤で床に両手をつけたところを映したBBCのニュース番組を見て、自分でもいろいろ考えた。それは、第2章でも述べたように、筆者が仙台で石炭火力発電所の稼働差止め訴訟に原告として関わっていたからだ。実際に、メディアの人からは「仙台でも、もっと絵になるような過激なアクションをやるべき」と言われたこともあった。そのため、瞬間接着剤で手と床などをつけた時、どうすれば剝がせるかなどについてかなり真剣に調べた（マニキュア等を落とす除光液やお湯が良いらしい）。ファハナ・ヤミンの場合、警察がいろいろ液体を持ってきて、二〇分くらいで剝がしたらしい。結局、筆者は行動に移さなかったが、アクションのオプションとしては頭から離れないでいる。

組織のあり方についても課題はある。XRもサンライズ・ムーブメントもFFFも、きわめて水平的な組織体制となっている。すなわち、強力なヘッドがいてトップダウンで動くような組織ではない。逆に、各地のメンバーがある程度自由に活動している。サンライズ・ムーブメントでは、三人以上集まれば、サンライズの名のもとに行動を起こすことができる。日本のFFFの場合、最初は東京が中心であった。そのあと、FFF Japanができて、東京以外にもFFFが各地で生まれた。地域によって人数はまちまちで、関わり方やアクションの仕方も異なる。人の入れ替わりも速い。言うまでもなく、フラットな組織形態にはメリットとデメリットがある。最大のデメリットは、活動が盛り上がる初期は良いものの、その後の活動を継続的なものにし、より拡大していく際の組織力がどうしても弱くなることだろう。

具体的な政策の策定

政権交代の実現は簡単ではない。しかし、たとえ政権が変わったとしても、その後には具体的な政策を作るという困難な作業が待っている。単なるスローガンを政策に落とし込むことが必要だ。米国のルーズベルト大統領のニューディールの時には、一二年かけて六〇以上のプログラムが策定された。

これまで米国のサンライザーたちは、ある意味では、とにかく政治家が困るようなアクションをしていればよかった。しかし、今は、その政治家と一緒になって政策作りに関わっている。政策を常に考えているのは官僚なので、官僚とも付き合わなければならない。グリーン・ニューディールは範囲が広いので、様々な法案作りに関わる必要がある。連邦レベルだけではなく、地域レベルでの政策作りも重要となる。

また、政権が交代したからといって、前政権とまったく異なるエネルギー・温暖化政策がすぐに生まれると考えるのも単純だ。第2章でも述べたように、日本でも、二〇〇九年に民主党が政権をとった時に、温暖化対策の数値目標自体は大幅に引き上げられた。しかし、具体的な政策の中身も、後押しするような政治的意思も、共に乏しかった。

今、日本で仮に野党が政権をとったとしても、電力と鉄鋼と自動車と経団連は、前と同じように総論賛成各論反対で、実質的なエネルギー転換を促すような政策の導入には反対するだろう。そもそも、今の野党の間でも、エネルギーや温暖化問題を巡っては意見が異なったり、温度差があったりする。欧州や米国では、産業界の方にエネルギー転換は避けられないものという覚悟がある。よって、政府との条件闘争のフェーズに入っている。しかし、日本はそのような状況にない。産業界は、どうせ政府はいつものように口先だけだろうと思っている。ゆえに、真剣な議論もしない。それが日本の現状だ。

世界においても、日本においても、エネルギー転換のための具体的な組織作りという意味で最も大事なのは、エネルギー省や経済省などの旧来のエネルギー産業に近い人々から省庁横断型の組織に実権を移して、政策立案のプロセスを変えることだ。そのために、第3章で紹介したように、米国のバイデン政権は、温暖化対策に関する省庁横断的な組織である「国内気候政策局」を新たに設置した。

私が関わる「未来のためのエネルギー転換研究グループ」は、二〇二〇年六月に「原発ゼロ・エネルギー転換戦略」(未来のためのエネルギー転換研究グループ2020)を発表した。これは、第5章で紹介した「レポート2030――グリーン・リカバリーと2050年カーボン・ニュートラルを実現する2030年までのロードマップ」(未来のためのエネルギー転換研究グループ2021)のベースの一つとなっている報告書だ(https://energytransition.jp/からダウンロード可能)。

そこでは、日本におけるエネルギー行政改革として、左記のような提案をした。

①内閣府の重要政策会議として「環境エネルギー戦略会議」を設置し、エネルギー政策の司令塔として、基本方針の企画・各省での政策実施の監督等を行なう。

②資源エネルギー庁は、エネルギー行政部門を環境省に移管し、資源行政部門を経済産業

省本省に戻し、廃止する。環境省は、廃棄物部門を経済産業省の資源行政部門と統合して移管し、エネルギー・気候変動・生物多様性を所管する「環境エネルギー省」に改組する。

③経済産業省は、資源エネルギー庁の資源行政部門と環境省の廃棄物行政部門を含む循環経済の促進等も任務とするよう改組する。

④規制と推進の分離の考え方に基づき、環境省の環境規制部門と経済産業省の電力・エネルギー規制部門を「環境規制委員会」「エネルギー規制委員会」として独立させる。

⑤環境エネルギー戦略会議は、関係閣僚と民間議員(専門家)で構成し、持続可能な社会づくりやSDGｓを含め、地球温暖化対策計画やエネルギー基本計画の審議策定、重要な気候変動政策やエネルギー政策の方針策定、各省のエネルギー政策の実施状況の監督等を行なう。議員は、企業などとの利益相反がないことを事前に明らかにする。

⑥環境エネルギー戦略会議は、原則公開とする。計画の策定や重要政策の決定等に際しては、公聴会を多用して、関係団体やNGO、市民から公開の場で広く意見を聞く。事務局の幹部は、任期付で官民から公募して任命する。事務局の作成資料は、すべて公文書として長期保管し、情報公開制度の対象とする。

⑦環境エネルギー戦略会議に、専門家や弁護士、NGOで構成するオープン・ガバナンス委員会を設け、公聴会、パブリックコメント、熟議等での意見の反映状況をチェックする

と共に、エネルギー政策等の決定プロセスについて監督・助言する。

⑧審議会や委員会の委員やモデル計算に関わる研究機関は、エネルギー多消費型産業などとの利益相反がないことが前提する。委員や研究機関が利益相反企業からの寄付金などを受けている場合は、その内容や具体的な金額を公表させる。委員の公募制も検討する。

もちろん、このような組織改革は、あくまでも必要条件の一つであって、十分条件ではない。しかし、そのような必要条件の一つを実現するのもまったく簡単ではない。ものすごい抵抗を受けるのは必至だ。日本の場合、経産省は今の「総合資源エネルギー調査会」においてエネルギー・温暖化政策を実質的に自分たちだけで決められるという仕組みを絶対に手離したくないだろう。自由に委員長や委員や事務局（シンクタンクに委託する場合が多い）を選定でき、多少のガス抜きをしつつ、最終的な結論は自分たちである程度用意できる「総合資源エネルギー調査会」くらい、都合の良いシステムはないからだ。

かつて筆者が経験したエピソードを紹介する。筆者は、二〇一〇年頃、環境省の排出量取引制度（決められた排出割当量を守るために企業が排出枠を売買できる制度）の委員会の委員を務めていた。その環境省の委員会に対抗して、経産省も同じような排出量取引制度に関する委員会を「総合資源エネルギー調査会」の下に立ち上げていた。経産省の方は、基本的には排出量取引制度は不要ということを言うがための委員会である。そこで、環境省の方の委員会と経産省の方の委員会で合同の委員会を開いて、それぞれの委員が二人ずつ発表するという話になった。いわゆる二対二のディベート対決みたいなものだ。環境省側は、私と京都大学の諸富徹教授が発表することになった。

まず順番が問題になった。環境省側の二人が先に発表するか、あるいは交互に発表するか、などである。最大の問題となったのは、合同委員会の委員長をどちらにするかということであった。その時、順番では、環境省側の委員会の委員長が合同委員会の委員長を務めることになっていた。しかし、経産省がいろいろ理由をつけて、経産省側の委員長にするよう環境省に要求してきた。もちろん、環境省側は拒否した。なぜそこまで委員長にこだわるかというと、委員長が最終的に結論を仕切る(引き取る)ことができるからだ。

委員長が決まらないなか、経産省の若手が、「とにかく環境省に行って話をつけてこい」と上司に命令されて、環境省の担当の部屋に行かされた。環境省の職員も、呑めない話なので、彼を無視するしか仕方がなかった。経産省の若手は、手ぶらでは帰れないので、夜明けまで部屋にぽつんと立っていたらしい。環境省の担当者も、不憫には思ったものの、どうしようもなかったそうだ。

すなわち、今の政策決定システムを維持するためには、霞が関の官僚は、怖くなるくらいなんでもやる。今は多少改善されたものの、気の毒なほどに官僚にとって昼も夜もない。ちなみに、ディベート対決には、当日の朝まで関係者と練習して臨んだ。うまくいったかどうかはわからない。排出量取引制度に関する法案も、鳩山首相（当時）が辞意を表明するという「政局」で廃案になった。環境省の担当者の机の中には、排出量取引制度に関する細則も含めた具体的な法案のほぼ完成版が入っていた。しかし、それが日の目を見ることはなかった。

財源問題——緊縮か反緊縮か、税金か赤字財政支出か

グリーン・ニューディールを支持する経済学者の間で最も議論があるのが財源問題だ。ケインズ以降の様々な経済学派間の議論ともシンクロしており、日本でも論争になっている消費税の議論とも重なる。以下では、グリーン・ニューディールの財源問題を詳細に分析した論文（朴・長谷川・松尾二〇二〇）に基づいて議論のエッセンスを紹介する。

まずグリーン・ニューディールの背景には、財政赤字を罪悪視せず、貨幣創出を伴う政府の財政支出を強くは否定しない（時と場合によっては認める）近年の経済学の諸潮流がある。いずれも、これまで緊縮・財政再建論を支えてきた新古典派マクロ経済学とは相反する考え方を持ち、ケインズ経済学の現代的潮流とされる。その中で主流派と言われている論者としては、ノーベル賞受賞者のポール・クルーグマンや同じくノーベル賞受賞者のジョセフ・スティグリッツな

どが有名である。非主流派では、特に、ハイマン・ミンスキーなどの流れをくむMMT(Modern Monetary Theory：現代貨幣理論)派がいる。ランダル・レイや二〇一九年に来日したステファニー・ケルトンらが主な論者だ。

MMTは二〇一九年頃から日本でも知られるようになった。関連本も多く出ており、批判する人は少なくない。筆者は、必ずしもMMT信奉者ではなく、理解していない部分もたくさんある。しかし、一般にMMTに対しては誤解が多いようには思う。第一に、どのような状況下でも貨幣を創出して良いとMMT論者は言っているのではない。不況が続き雇用創出のスペースが十分にある場合に限って、貨幣創出は有効であり、インフレを起こす可能性が小さいと主張している。第二に、インフレが起きそうになった場合は、課税によってハイパー・インフレを未然に防ぐ制度設計を主張している。すなわち、MMTはインフレを起こしても良いと言っているのではない。また、インフレを未然に防ぐような課税が迅速に実施できるかどうかは、政府のガバナンス能力や制度設計の問題であって、MMTとは関係ない。

サンダース米上院議員の経済ブレーンの一人はMMT派のケルトンである。ただし、サンダース議員自身がMMTを全面的に支持しているわけではなく、彼のグリーン・ニューディール案の財源は、赤字国債には頼っていない(一五年で収支をバランスさせる詳細な計画を立てている)。また、二〇二一年三月三一日にバイデン米大統領が彼のニューディールとして発表した八年間で約二兆ドル規模のインフラ投資案も、赤字国債に頼らず、企業への増税や化石燃料会社への補助金の削減などで一五年かけて賄う。ちなみに、サンダース議員に近いオカシオ＝コルテス下院議員はMMT支持者だ。

一方、EUは、米国や日本とは違って、各国が通貨発行権を持たない。すなわち、MMT的な財政政策を持ち得ない。また、伝統的に緊縮財政を志向している。したがって、エネルギー転換には膨大な投資が必要だという点ではEU内で一致するものの、その財源に関しては、課税か、あるいは、政府が発行する純粋な赤字国債ではないものの、EUの公的機関の債券発行による民間投資の利用という二つのオプションが議論されてきた。たとえば、ギリシャの元財務大臣であるヤニス・バルファキス率いるDiEM25は、欧州投資銀行(EIB)が発行し、欧州中央銀行(ECB)が買い入れ宣言によって価値を保証する欧州公共銀行債(グリーン債)を通じて、市場にある民間資金を活用するべきだと主張した。一方、ドイツ緑の党は課税を主張した。

しかし、二〇一八年にフランスで燃料課税がきっかけで発生したイエロー・ベスト運動などを考えれば、たとえ気候変動対策が目的だとしても、一般的に逆進性を持つような増税は容易ではない。日本の消費税の議論でも、与党も野党も、消費税の増税に対してはますます慎重になっているのが現実だ。それは、コロナ禍によってより加速した。EUでも、最終的には、欧州公共銀行債を通じて市場で余っている民間資金を活用することになった。すなわち、形としてはバルファキスの主張通りの制度設計がなされた。

もう一つの関連する対立軸は、「大きな政府vs.小さな政府」というものだ。米国では、共和党のレーガン政権(一九八一〜八九年)の時代から、新自由主義的な考え方のもと、小さな政府が好ましいという議論が強く、それは民主党のクリントン政権(一九九三〜二〇〇一年)にも継承された。しかし今は、コロナの影響もあるものの、日本も含めて多くの国が大きな政府を許容するようになっている。

排出量取引制度に対する誤解

財源に関連するという意味で、カーボン・プライシングに関する誤解や具体的な制度設計などについても一言述べておきたい。

本書にもたびたび登場するカナダ人ジャーナリストのナオミ・クラインは、カーボン・プライシングの一つである排出量取引制度を、「資本主義的」な政策で企業を利する制度として批判する。このような批判は、しばしば環境NGOからも出される。ナオミ・クラインは、グリーン・ニューディールに限らず、貧困・格差などの問題でも代表的なイデオローグであり、筆者も尊敬している。しかし、この排出量取引制度批判だけは、誤解があって問題だと思う。

まず、カーボン・プライシングにおける炭素税と排出量取引制度は、双子のような関係にあり、どちらも炭素を排出する個人や企業が、それぞれの排出量に応じてお金を支払う仕組みである。制度設計によるものの、基本的にどちらが企業に有利とかそういうものではない。ゆえに、CO2を大量に排出する企業はどちらの制度にも反対する。

また、炭素税でも排出量取引制度でも、国が得た炭素価格による収入（税収、あるいはオークション収入）の活用方法にはいろいろなオプションがある。大きく分けると、所得税や法人税などの減税、家計への還元、企業への支援、気候変動対策への投資、公的債務・財政赤字の削減、一般財源化などの方法が考えられる。活用方法によって、逆進性、すなわち低所得者に対する高負担を解消することは可能である。たとえば、炭素価格による収入を低所得者のみに還元するような制度設計が考えられる。

さらに、炭素価格は化石燃料利用の削減を通じて経済活動を抑制することになるので、一部の経済主体に負担をもたらす可能性がある。しかし、新たな収入によって既存の税を軽減することで経済全体の効率性を改善するという効果が生じる。この「収入リサイクル効果」が十分大きければ、元々の負担を相殺し、国の経済全体にプラスの効果も持つ。

そして、炭素税と排出量取引制度では、政府が決める炭素価格や排出枠の大きさが決定的な意味を持つ。すなわち、導入されたとしても、炭素価格が小さく設定されたり、排出枠が大きかったりした場合、削減効果はほぼゼロになる。大きな財源にもならない。そのため、仮に政府が導入を決めたとしても、産業界は削減量や支払い額がなるべく小さくなるような条件闘争を行なう。ただし、たとえ骨抜きになって効果がなくても、各企業や事業所が自らの温室効果ガスの排出量をモニタリングして把握することの義務づけは、排出削減のための管理体制を構築するという意味できわめて重要である。ある意味では、これが排出量取引制度導入の最大のポイントとも言える。

いずれにしろ、CO_2大量排出企業は、排出量取引制度に賛成しているわけではまったくない。排出量取引制度を含むすべての規制に反対している。そのような状況で、政府と企業との力関係で、政府が強い場合、すなわちEU、中国、韓国では、産業界の反対を押し切って排出量取引制度が導入された。政府が弱い米国や日本は、導入できなかった(米カリフォルニア州や東京都には導入されている)。また、排出量取引制度の導入を主張している人々も、それですべての問題が解決するとは毛頭思っていない。企業や個人の排出を減らす、ほんの小さな一歩に過ぎないことは十分に自覚している。このような点を、ナオミ・クラインは理解していない。

米国では二〇一九年一月、「炭素配当に関する米国経済学者らの声明」が、二七名のノーベル経済学賞受賞者や連邦準備制度理事会(FRB)の元議長四名など、三〇〇〇人以上の経済学者の賛同を得て公表された。気候変動を解決する手段としての炭素税の導入と、財源調達目的というよりも、その税収を炭素配当(一種のベーシック・インカム)として米国市民全員に還付するという内容だ。すなわち、格差や貧困に関わるジャスティスを重視して炭素価格づけの逆進性を軽減するような制度になっている。

米国において排出量取引制度は、すでに州レベルでは導入されているところがあるものの、連邦レベルでは、日本と同様に、導入寸前で議会を通らず廃案になった。また、排出量取引制度は、制度設計に時間がかかるのも確かだ。さらに、コロナ対策として、給付金などの実質的なベーシック・インカムと言いうる政策がすでに多くの国で実施されている。前出の「炭素配当に関する米国経済学者らの声明」には、バイデン政権の財務長官を務めているジャネット・イエレン元ＦＲＢ議長も賛同者に名を連ねている。したがって、この「炭素税と炭素配当の組み合わせ」という提案は、バイデン政権や日本の今後のカーボン・プライシングの制度設計に大きな影響を与える可能性がある。

国際交渉は変わるか

パリ協定に復帰したバイデン政権は、公約通り温室効果ガス排出削減数値目標を引き上げた。それがプレッシャーとなって、日本政府も数値目標を引き上げた。米国からの外圧でしか動かない典型的な日本という展開で残念なものの、引き上げ自体は良いことだといえる。

しかし、先進国が公平性を考慮し、かつ一・五℃目標達成に整合性がある温室効果ガス排出削減数値目標を出したとはまったく言えない。第1章でも述べたように、一・五℃と公平性という二つの条件が入った場合、先進国は二〇三〇年で一〇〇%以上の削減を求められるからだ。実際に、前述のように各国の数値目標の公平性を評価しているClimate Action Tracker（CAT）は、日本に対しては、公平性を考慮した場合、二℃目標達成のためには二〇三〇年で約九〇%、一・五℃目標達成のためには二〇三〇年で約一二〇%の削減が必要としている（Climate Action Tracker 2021）。

また、パリでのCOP21以降、COP会議の前に各国は数値目標を明らかにするようになっている。それは、何回か交渉決裂を経験したCOP参加国が、わずか二週間の会期中における議論や交渉によって、数値目標をお互いが引き上げるのは現実的に難しいという結論に達したからだ。すなわち、基本的には、事前に各国が出してきた言い値を承認し合うしかない。その意味では、パリCOP21以降、COP会議の結論の多くは、会議が始まる前にほぼ確定しているとも言える。

ここで、あらためて公平性についておさらいをしたい。なぜなら、「日本は二〇五〇年カーボンニュートラルを実現すれば公平」と間違って理解している日本人が多いからだ。第1章でも述べたように、「二〇五〇年カーボンニュートラル」というのは地球全体での目標であり、そのまま各国それぞれの目標にはならない。なぜなら、先進国も途上国も同じ目標だとすると、途上国も早期に温室効果ガス排出量をピークアウトすることが必要となる。その場合、途上国は先進国が温室効果ガス排出をピークアウトした時期の一人当たりGDPよりもはるかに小さい一人当たりGDPの段階で温室効果ガス排出をピークアウトすることになる。たとえば、米シンクタンクEco Equityの研究者ポール・ベアらによる論文は、途上国は先進国の三分の一〜一〇分の一の一人当たりGDPの時期にピークアウトする必要があると計算している（Baer et al. 2008）。これは、先進国の数分の一の経済インフラしか構築していない段階、あるいは数分の一しか発展していない段階で温室効果ガス排出をピークアウトする必要があることを示しており、途上国の人々にとっては典型的な不公平問題として認識されている。

このような背景があるからこそ、前述のCATは、日本などの先進国は公平性を考慮した場合、二℃目標達成のためには二〇三〇年で約九〇％の削減が必要とした。グレタ・トゥンベリが「二℃目標達成のためには、公平性を考えると、スウェーデンのような先進国は毎年一五％削減が必要」と言っているのも、このような計算に基づいている。

温暖化対策の策定や国際交渉は、この南北問題が絡んだジャスティスや公平性に関する議論あるいは対立の歴史そのものだ。なぜなら、第1章でも述べたように、温室効果ガスの排出削減問題は、突き詰めて考えると「現世代の間および現世代と将来世代との間で、有限の温室効果ガス排出量（カーボン・バジェット）を、何らかのルールのもとで正義や公平性を考慮しながら分配する」という命題に帰結するからである。限りある食料や水の分配問題とまったく同じだ。だからこそ、どの国も自分たちの取り分を大きくしようとする。

そして途上国の人々は、「豊かになるためには温室効果ガス排出は必要不可欠」「歴史的な排出責任は小さいのに、より大きな温暖化の被害を受けるのは不公平」などの理由でより大きな分配を求めてきた。また不公平性の解消という意味でも、途上国が受けるより大きな被害の補償という意味でも、先進国から途上国への資金・技術面での支援が必要不可欠と主張してきた。

先進国の途上国支援義務条項

実は、先進国が持つ途上国支援に関する義務は、世界のほぼすべての国が採択あるいは合意した気候変動枠組条約（UNFCCC）第四条3項、同条約第四条4項、COP13でのバリ行動計画において左記のように文章化されている。つまり先進国は、定性的ではあるものの、その範囲も含めて、国際法において資金・技術支援をすでに約束している。

気候変動枠組条約第四条3項

先進締約国は、開発途上締約国が第十二条1の規定に基づく義務を履行するために負担するすべての合意された費用に充てるため、新規のかつ追加的な資金を供与する。附属書

［2］の締約国（筆者注：先進国）は、また、1の規定の対象とされている措置であって、開発途上締約国と第十一条に規定する国際的組織との間で合意するものを実施するためのすべての合意された増加費用を負担するために開発途上締約国が必要とする新規のかつ追加的な資金（技術移転のためのものを含む。）を同条の規定に従って供与する。これらの約束の履行に当たっては、資金の流れの妥当性及び予測可能性が必要であること並びに先進締約国の間の適当な責任分担が重要であることについて考慮を払う。（以下、傍線は筆者）

気候変動枠組条約第四条4項

附属書［2］の締約国は、また、気候変動の悪影響を特に受けやすい開発途上締約国がそのような悪影響に適応するための費用を負担することについて、当該開発途上締約国を支援する。

バリ行動計画 para.1,b(ii)

技術、資金、能力向上による支援を受け、実行可能となる持続可能な発展の概念に則った、途上国締約国による各国に適合する緩和の行動、これは計測・報告・検証が可能な方法で行われる。

このように三つとも、資金や技術の移転に関して先進国が途上国に対して実施する義務を規定している。特に、気候変動枠組条約第四条3項は、「合意された」という条件はついているものの、「途上国が必要とする気候変動対策のために追加的に必要とするすべての資金を、先進国が新規かつ追加的な資金によって供与する」と読むことが可能である。

したがって、途上国は、そもそも先進国から途上国への技術移転や資金協力は、すでに法的拘束力を持つ国際条約において先進国が約束したものであり、先進国の義務であるはずなのに十分に先進国はその義務や責任を果たしていないと認識している。すなわち、国際法に則った約束を先進国は守っていないと主張している。

ゆえに、先進国が高い数値目標を提示できない場合、その代わりとしても、何らかの資金的あるいは技術的な援助を途上国に対して実施すべきという共通認識は、実際の大きさの問題は別にして、先進国側においても、少なくとも温暖化対策における国際交渉の歴史を知る関係者の間にはある程度は存在する(もちろん、国際法における途上国援助は単なる「枕詞」でしかないと片付ける人もいる)。

しかし、このような事実を一般の人々はほとんど知らないし、メディアも、このような背景については伝えない。逆に、温暖化対策は途上国(だけ)がやるべき問題だと思っている人も少なくない。

先進国、特に米国、オーストラリア、カナダ、日本などの交渉担当者の仕事は、その時の政権によって程度は変わるものの、技術・資金援助や自分たちの排出削減コミットメントを最小限にしつつ、いかに途上国に排出の責任を持たせるかであった。しかし、これは途上国側から見れば、実質的な責任転嫁であった。第2章でも述べたように、その際には、「米国が参加するための絶対的な必要条件」「資金・技術援助の大きさを決めるのは、実際に資金・技術援助する先進国しかありえない」などの理由（脅し文句）が使われた。

不公平という言葉は、温暖化対策の推進によって既得権益を失う人々によって戦術的に使われた。その典型が「途上国が参加していない京都議定書は不公平」という間違った言説だ（実際には途上国は参加している）。一方、途上国の方には、先進国は言行不一致であり、ダブル・スタンダードだという思いが根強く存在する（かつて米国が中国の人口抑制政策を人権侵害として批判したのも、気候変動や食糧問題での中国批判を考えれば、中国では「米国のダブル・スタンダード」と認識されている）。

不公平感が意識にすり込まれると人間は合理的な思考を停止する。したがって、世界でも日本でも、「自分たちだけが厳しい温暖化対策を強いられている」といった蜜の味のような効果を持つフレーズが意図的にくり返し使われ、対立が煽られ、社会全体に不公平感が醸成された。そこでは、やはり意図的に、全体の利益と既得権益者の個別の利益との境界線が曖昧化された。

パリ協定ができて、再エネが十分に安くなった今、国際交渉において今述べたようなメンタリティや、それが生みだす対立構造が消滅するだろうか。筆者は、可能性は否定しないものの、まだまだ時間はかかるように思う。

中国と米国の交渉スタンス

では、今後の国際交渉、特に注目される中国と米国の国際交渉における具体的なスタンスはどうなるだろうか。

まず、中国について。中国は温暖化問題においては複雑な国だ。二〇二〇年時点で一人当たりのGDPは約一万ドルであり、先進国の数分の一にすぎない。中国の場合は貧富の差が非常に大きく、多くの日本人は、中国の田舎に行ったら必ず大きなショックを受ける。一方、国全体のCO_2排出量は世界一であり、一人当たりでも世界平均をすでに超えている。ただし、「中国は世界の工場であり、他国、特に先進国が消費するための製品を多く生産している。それは、ある意味では他国のCO_2排出を肩代わりしている」という議論もある(貿易に伴う内包性CO_2問題とよばれていて、結論はないものの、中国に限らず途上国の主張の一つである)。第4章で述べたように、中国は再エネの導入量、蓄積量、投資額は世界一である。太陽光発電メーカーは世界市場を席巻しており、風力発電メーカーもシェア拡大中である。日本円で約四四万円の電気自動車も生産・販売している。その一方で、石炭火力の電力設備容量割合はほぼ五〇%である。理由としては、何よりも石炭関連産業の雇用が数百万人レベルで存在することが大きい。すなわち、雇用維持のために炭鉱や石炭火力発電はそう簡単に潰すことはできない。

　これも第4章で述べたように、中国政府は、二〇二〇年四月の全人代においては、第一四次五カ年計画(二〇二一〜二五年)でのGDP成長率の数値目標を設定しなかった。その代わりに、これまでの五カ年計画のアプローチを踏襲し、エネルギー原単位(GDP当たりのエネルギー消費量)とCO_2原単位(GDP当たりのCO_2排出量)の目標を設定している。そこでは、二〇二五年までにエネルギー原単位を二〇二〇年比で一三・五%、CO_2原単位を一八%削減することになっている。また、エネルギー・ミックスに占める非化石資源の割合を、二〇二五年末までに「二〇%程度」にまで高めるとしている。

　中国のエネルギー・環境問題の研究者は、第一四次五カ年計画においてGDP成長率の数値目標が設定されなかったことを、GDP信仰からの脱却の証として評価する。しかし、CO_2排出の絶対量の削減目標ではなかったことには失望の声も上がっている。グリーンピース東アジアの研究者として北京に長く滞在していたラウリ・ミリビルタ(Lauri Myllyvirta)の計算によると、今の目標では、二〇二一年から二〇二五年にかけて中国のGDPが年率五・五%という低めの成長率で成長すると仮定しても、CO_2排出量は毎年一・一%ずつ増加する(China Dialogue 二〇二一年三月八日)。すなわち、CO_2排出量のピークは見えない。

その後二〇二〇年一二月一二日に、国連などが主催したオンライン会合でGDP当たりCO2排出量を二〇三〇年までに二〇〇五年比で六五％削減（それまでは六〇〜六五％削減）、一次エネルギー消費に占める非化石燃料の割合を約二五％削減（それまでは約二〇％削減）に、それぞれ引き上げた。二〇二一年四月の気候サミットでは、第一四次五カ年計画期間中に石炭消費量の増加を厳しく制限し、第一五次五カ年計画期間（二〇二六〜三〇年）中に段階的に廃止すると表明した。十分かどうかは別にして、米バイデン政権発足後にコミットメントの強度を高めてはいる。

米国政府の国際交渉スタンスはどうだろうか。ここでも、「共和党」と「中国」の二つのアクターを考慮せざるを得ない。米国の化石燃料会社は、「科学者の間で論争が続いている」という印象を社会に与える戦略をとり、それに成功した。これはタバコ会社が喫煙による健康被害を否定するためにとった戦略とまったく同じである。また、「温暖化対策は、国民生活に干渉する大きな政府を作りたいリベラル派の陰謀」というフレーミング（意図的な決め付け）も共和党支持者の間に広めた。

さらに、端的に言うと、トランプ前大統領は、温暖化問題をはじめ多くの問題を中国の責任にした（もちろん、中国に問題がある場合もたくさんある）。バイデン政権も、中国に対する一定程度の対峙姿勢は維持している。そのため、「温暖化は中国に責任がある」と考える人の数が大きく減ることはなく、その意味で中国に対する圧力を弱めることはないだろう。

しかし中国に圧力をかけるためには自らの目標も引き上げる必要がある。それもあって、バイデン政権は、二〇二一年四月の気候サミットで米国の温室効果ガス削減目標を「二〇三〇年に二〇〇五年比で五〇〜五二％削減」に引き上げた。

次はどちらが引き上げる番だろうか。筆者の感覚だと、若干中国のコートにボールがある、すなわち、国際社会は中国が目標をさらに引き上げることを期待しているように思う。その意味では、中国が米国や他国の様子も見つつ、最終的には、二〇二一年一一月の英グラスゴーでのCOP26までに、あるいはCOPの場でCO_2排出ピーク年を今の二〇三〇年から数年前倒しにすることなどは考えられる。同時に、米国も具体的な政策導入や途上国に対する資金支援を含めたさらなるコミットメントを要求されるだろう。

国際交渉の構造的な問題

国連のもとでの国際交渉における構造的な問題もある。それは、コンセンサス（全会一致）方式だ。すなわち、COPでは、基本的に一国でも反対したら合意は成立しない（数カ国程度であれば議長が一方的に押し切る場合もまれにある）。

一般に、交渉においては、どの国の政府も、COP会議の事前に対処方針を作成し、「交渉スペース」とよばれる「妥協しても良いラインの上限」を決める。しかし、産油国のように既得権益を守るために温暖化対策を進めたくない国と、温暖化で国の一部が水没・喪失する国との間の交渉スペースには非常に大きな隔たりがある。

そして、温暖化対策を進めたくない国は、COP会議などでの交渉がまとまらない方が自国にとって好ましいために、交渉決裂を回避するインセンティブが相対的に小さい。すなわち、「合意なし」でもかまわず（先送りできるという意味ではその方がありがたい）、仮に合意が形成されなかった場合、その理由や責任は他国に押しつければ良いと考える。その一方で、合意が形成された場合は自分たちが貢献したとする。いずれにしろ、このような国は簡単には妥協しない（まさに京都議定書第二約束期間への参加を拒否し続けた国々、すなわち米国、ロシア、日本、カナダ、ニュージーランドの交渉スタンスが当てはまる）。

一方、特により大きな被害を受ける国の交渉担当者は、相手（温暖化対策に消極的な国）が妥協しないなか、常に「悪い合意（Bad deal）」と「合意なし（No deal）」のどちらを選ぶかの決断を迫られる。すなわち、自らが妥協して、温暖化対策としてもジャスティスの実現としても不十分な内容の合意を優先するか、あるいは妥協するくらいなら合意を拒否するかである。

そのような交渉の結果、たとえ合意が形成されたとしても、それは常に温暖化対策に消極的な国も受け入れ可能な内容になる。すなわち、「最小公約数的合意（Lowest common denominator agreement)」とよばれるように温暖化対策の効果が乏しいものになる。しばしば多数決制を導入すべきという動議は出るものの、それにも全会一致が必要となるため、反対国の存在によって半永久的に導入されない。このようなことは、ゲーム理論を持ち出すまでもなく、現在の交渉システムのもとでは、あまりにも明白な論理的帰結である。

そしてメディアは、合意が形成された場合は「対策の内容が不十分」と批判し、合意が形成されなかった場合は「交渉者の努力や力量の不足」と批判する。どちらの場合も批判するので、一般市民の関心は交渉自体に否定的なものになり、温暖化対策自体にも興味を失っていく。そのような悪循環が続いているのが現状だと言える。

もちろん、以上のような状況を変える可能性があるのがグリーン・ニューディールだ。すなわち、「あなたがやらないのであれば、私もやらない」という交渉のメンタリティや行動規範が、「あなたがやらなくても、私は自分の経済復興や雇用創出や技術覇権獲得のためにやる」に変化することが期待される。米国にバイデン政権が生まれ、世界中でグリーン・ニューディールやグリーン・リカバリーが議論されるなか、ある程度は変わると筆者も考えたい。

ビジネスは変わるか

二〇二〇年八月三一日、米エクソンモービル社の株は、ダウ工業株三〇種平均の構成銘柄から除外された。一九二八年以来、九〇年あまりダウ工業株三〇種の構成銘柄であった石油メジャー最大手の除外は、時代が変わったことを示す大きなニュースであった。

エクソンモービルの時価総額は、すでに一九九五年時点で世界五位であり、その後、二〇〇六年、二〇〇八年、二〇一〇年、二〇一一年と世界トップに君臨していた。二〇一三年もアップルとトップの座を争った。二〇〇八年時点のS&P500株（代表的な五〇〇銘柄で構成されている）のうちエネルギー関連の株価は一五％を占めていた。しかし、二〇二一年一月時点のエクソンモービルのランキングは三七位であり、S&P500におけるエネルギー関連の株価が占める割合は五％以下だ。彼らの経済力や政治的影響力は今だに巨大なものの、時代は確実に動いている。

ビジネスの世界では、気候変動対策として、第3章で紹介した「RE（再エネ）100」と共に、ダイベストメント（Divestment）が進んでいる。ダイベストメントとは、投資（Investment）の対義語で、すでに投資している金融資産を引き揚げることを示す。すなわち、化石燃料関連のビジネスから手を引く動きだ。

二〇一五年頃から欧米で始まったダイベストメントに対して、日本の政府、自治体、企業の対応は相変わらず鈍かった。ようやく二〇二〇年の終わりになって、たとえば商社では、三菱商事、住友商事、伊藤忠、丸紅が新規の石炭火力発電の開発はしないと宣言し、三井物産は石炭火力の発電比率を引き下げて既存設備は二〇三〇年までに売却すると宣言した(『日本経済新聞』二〇二〇年一二月一四日)。また、三菱UFJFG、三井住友FG、みずほFGは、いずれも石炭火力の新設への投融資は原則停止すると発表している。

しかし、日本政府や日本企業の動きは遅すぎで、かつコミットメントの内容も「高効率で途上国が要求する場合や既存案件は例外とする」などの抜け穴が多くあるものであった。とにかく後手後手であった。たとえば、三菱商事はベトナムの石炭火力発電事業(ビンタン3)に投資していたが、新規の開発ではないとして、そのままにしていた。このような三菱商事に対して、国内外のNGOが共同でキャンペーンを展開して一斉に批判したため、二〇二一年二月二五日、急遽三菱商事は撤退する方針を固めた。その後三月二九日に、ようやく日本政府も石炭火力発電所の輸出支援について新規案件を全面停止することを決めた(『日本経済新聞』二〇二一年三月二九日)。これまでの内圧と外圧がやっと実を結んだと言える。

国際社会は、二〇〇〇年くらいから世界銀行や各国の開発銀行による石炭火力関連の出融資を問題にしてきており、米輸出入銀行などは二〇一〇年頃から止めることを検討していた(筆者は、二〇〇〇年代半ばに、ワシントンまで行って米輸出入銀行関係者などにインタビュー調査したことがある)。日本でも二〇一〇年くらいから、NGOや研究者が日本の公的資金による石炭火力輸出支援を強く批判してきた。しかし、政府の対応は鈍く、民間銀行も「政府がお墨付きを与えているから」という理由で出融資を続けた。この一〇年間で日本政府や民間銀行が得たものは何で、失ったものは何かなどをつくづく考えてしまう。

CO_2の大量排出源である自動車産業はどうだろうか。

二〇二五年のノルウェーを筆頭に、オランダ、フランス、英国、スウェーデン、アイルランドなどが、二〇二五〜四〇年までにガソリン・ディーゼル車の新車販売禁止を決めている。ロンドン、パリ、アムステルダム、ブリュッセルなど、交通量が多く大気汚染が深刻な大都市では、一足早く二〇三〇〜三五年に実施される。

留意すべきなのは、欧米の自動車メーカーが定義している電動車（非ガソリン・ディーゼル車）とは、外部から充電可能なプラグイン車、つまり完全な電気自動車（EV）とプラグイン・ハイブリッド車（PHEV）であることだ。しかし、日本の政府も自動車メーカーも、ガソリン車である「ハイブリッド車（HV）」も「電動車」と位置付けている。

現在の自動車市場で日本企業は圧倒的な強さを見せている。自動車メーカー別の販売台数（二〇一九年）では、上位一〇社中三社が日本勢だ。だが、電動化時代の主役の一つになるEVでは、日本勢は劣勢になっている。二〇二〇年のEV（PHEV車を含む）販売台数はEV専業の米テスラが首位で独フォルクスワーゲン（VW）が二位であり、上位一〇社の中に日本勢はいない。前述したように二〇二〇年には、中国企業が日本円で約四四万円の電気自動車を発売した。

残存者利益戦略

発電や自動車以外の産業はどうだろう。日本には、今は炭鉱などの化石燃料産業はほぼ存在しない。したがって、日本は他国よりもエネルギー転換は容易なはずだと言える。しかし、いわゆるエネルギー多消費型の重厚長大産業は存在し、基本的には彼らが温暖化対策やエネルギー転換において強大な抵抗勢力として存在している。原子力ムラという言い方があるが、筆者は、実質的には原子力・化石燃料ムラと言っても良いと考える。

三菱重工、東芝、日立などの、原発や石炭火力発電所の発電設備（例：タービン）などを作ってきた重電メーカーも、その原子力・化石燃料ムラの住人である。彼らは、端的に言うと、国の要請にしたがって、それこそ兵器から発電用タービンまで製造してきた。

重電メーカーにとって、原発や石炭火力発電に関わるビジネスの場合、顧客は大手電力会社であり、総括原価方式（すべての費用を「総括原価」とし、さらに一定の報酬を上乗せした金額を電気の販売収入と設定できる制度）のもと、きわめておいしいビジネスだったはずである。二〇一九年に明らかになった関西電力による金品受領事件などは、まさにそのことを如実に示している。

実は、かつて日本の重電メーカーは太陽光や風力の発電設備を作っており、二〇〇〇年代初頭は、輸出もする世界の最先端企業だった。しかし、その後、日本政府はエネルギー転換に積極的ではないという認識のもと、将来性がないという経営判断によって市場から撤退した。

では今、国策企業であった重電メーカーにはどのような戦略が残っているのだろうか。経営学の教科書によると、「残存者利益」というのがある。すなわち、どれだけ社会から批判を浴びようと、最後の最後まで我慢して残っていれば、メンテナンスや増設などは取れるはずだから一定の利益は得られる。もちろん、この戦略に関しては、誰も大っぴらには言わない。しかし、前述のように、日本では、自動車メーカーも重電メーカーも客観的にはそのような戦略をとっているようにしか見えない状況が続いている。一〇年後に、「あの時(一〇年前)の経営判断が違っていたら……」「国策に従っていなかったら……」ということにならないのを祈るばかりである。

いずれにしろ、第4章で紹介した電力中央研究所の報告書が指摘している通り、企業の経営判断や研究開発、そして市場での技術の実用化や普及には政府のプル政策(需要喚起のための政策)が不可欠だ。そして、最大のプル政策は、政府が野心的な導入数値目標を持つことである。しかし、残念ながら、二〇二〇年一二月に政府が出した「グリーン成長戦略」には、かつてのサンシャイン・ムーンライト・ニューサンシャイン計画と同じで、見事なほど「市場創出施策」がない。その意味では、完全に同じ轍を踏む内容となっている。

資本主義と気候変動

斎藤幸平氏の『人新世の「資本論」』がベストセラーになっている。筆者も拝読し、その文章の力強さに驚いた。気候変動問題だけではなく、これからの世界や日本を考える上で読むべき本だと思う。ちなみに、これも必読書である米本昌平氏の『地球環境問題とは何か』(岩波新書、一九九四年)の最終章は、「すでに世界のどこかで、地球環境問題のマルクスは『資本論』に当たる本の執筆を始めているかもしれない」という言葉で締めくくられている。

『人新世の「資本論」』の現状に対する見立ての多くは正しい。資本主義、特に新自由主義的な、企業(キャピタル)が何をやっても構わないという社会システムは、筆者も最大の問題だと考える。〈コモン〉が大事であり、社会インフラの公営化が必要なのもまったく同意する。生産力至上主義や大量消費・大量生産をやめて、労働と生産のシステムを変革することも重要だと考える。協同組合を増やすことも参加型社会主義も大賛成だ。マルクスに先見の明があったのも、ピケティが社会主義者に転向したのも、斎藤氏の指摘通りなのだろう。

気候変動問題についても大きなストーリーが展開されている。筆者も含めて、これまでの研究者やNGOが、細かい政策論や技術論などの小さなストーリーをつむぐあまり、袋小路に入ってしまっていたのは事実だ。結果的に、SDGsが大衆のアヘン的な側面を持っているのも否定しない。SDGsに真面目に取り組んでいる人や企業はいるものの、表面的にしか考えていない人や企業もいる。

GDP成長神話から脱却して、豊かさに関する新たな指標が必要だというのもその通りだ。GDPという指標を最初に提示したのはノーベル経済学賞受賞者サイモン・クズネッツである。その彼は、「このような問題がある指標は豊かさの指標としては使ってはいけない」という名言を残した。確かに、道路に穴を開けて、その穴を埋める建設工事をやればGDPは増加する。一方、GDPに算入できないものの、重要な人間活動は多く存在する。実際に、環境経済学者にとって、新たな豊かさの指標作りは最もポピュラーな研究テーマの一つだ。

資本主義と気候変動に関しては、ナオミ・クラインが『これがすべてを変える——資本主義vs.気候変動(*This changes everything: Capitalism vs. The Climate*)』(全二巻、岩波書店、二〇一七年)という大著を出している。本章の冒頭で紹介した「グリーン・ニューディール世代」というサンライザーたちがやっているポッドキャストでの彼女の話によると、彼女の「資本主義vs.気候変動」というブランディングに対しては、米国のメジャーな環境NGOからの批判が多くあったらしい。米国でアンチ資本主義を表明すると、社会主義者あるいは共産主義者というレッテルが貼られ、活動にマイナスとなるという状況もあるのだろう。だからこそ、あえて「資本主義」を全面に出して、根本的な問題にメスを入れたナオミ・クラインや斎藤幸平氏は評価されるべきだと思う。

「脱成長コミュニズム」が気候変動を解決するか？

以下では、若干、斎藤幸平氏の著書に対して、エネルギーや温暖化の問題に関わってきた一人の研究者として「どうかな？」と思った点を述べる。これからの議論に参考になれば幸いである。

第一に、斎藤幸平氏の本の第二章では、ガソリン車を電気自動車に代えたところで、それで削減されるCO_2排出量は小さいと書いてある(九〇頁)。これは、バッテリーの大型化や製造工程のCO_2排出量を考慮したとしても、少しおかしい。第5章で紹介した「レポート2030」で詳述しており、実は多くの人が誤解しているのだが、まず日本にあるガソリン車をすべて電気自動車化しても、電力需要は一〜二割程度しか増加しない。一方、CO_2排出量は、何で電気を作るかによって変わるものの、基本的には大きく減少する。

氏の本では、「電気自動車への代替でCO_2排出量は減らない」という主張を「国際エネルギー機関(IEA)のデータ」に基づくとしていて、参考文献としてサミュエル・アレキサンダーとブレトン・グレッソンというオーストラリアの研究者の著書が挙げられている(三六九頁)。そこでは斎藤氏による注釈として、「世界でCO_2排出量が減らない理由のひとつは、途上国の経済発展によってガソリン車が今後さらに増大するからである」とある。これは、ガソリン車を電気自動車に代替した場合のCO_2排出量の変化に関する議論とは別の話だ。斎藤氏は、リチウム電池などの希少鉱物利用が途上国での搾取につながっていることも指摘する。もちろん、それは大きな問題だが、パソコン利用などを含めた社会全体のデジタル化や、数世紀にわたる先進国による途上国での資源収奪といった、まさに帝国主義的な世界システムの問題であり、公平性を考慮するとあと一〇年でCO_2排出を先進国ではゼロにしなければならないという緊急性を持つ気候変動問題とは別に議論すべき問題だろう。逆に、電気自動車への代替を遅らせたい日本の自動車会社やガソリンを使い続けてほしい化石燃料会社という「キャピタル」を利するだけだ。

第二に、氏の本の第七章では、エネルギー収支比(一単位のエネルギーを使って何単位のエネルギーが得られるかという指標)を持ち出して、再エネに投資すると経済成長は困難になると断定している(三〇六頁)。これも少々おかしい。発電エネルギー技術の比較で重要になるのは発電コストとエネルギー収支比(エネルギー効率)の二つの指標だが、再エネに関しては、ここ二〇年でどちらの指標も著しく向上しており、今、化石燃料の再エネに対する優位性を主張する研究者はきわめて少ない。再エネや省エネに厳しかったIEAでさえ、単位投資額あたりの雇用創出数という意味でも、温暖化対策としてのコストという意味でも、再エネ・省エネの方が化石燃料や原発に比べて優れており、それゆえに経済復興をめざすグリーン・リカバリーには、再エネ・省エネの大々的な導入が好ましいというメッセージを出している(IEA 2020)。

第三に、氏の本の第二章にはIPCCの「知的お遊び」とあるように、氏はIPCCなどの研究者の大多数は技術楽観論者と認識しているようだ。しかし、実際にはそんなことはない。温暖化対策をしたくない、あるいは先延ばししたい人たちが、技術、特に実用化されていない革新的技術に依存した(革新的技術をスケープ・ゴートにした)シナリオを意図的に作成していることはままある(典型が日本政府である)。しかし、IPCCのメンバーであるかどうかに関係なく、温暖化対策を真剣に考えている研究者の間で技術楽観論者、あるいは氏が批判するような経済成長至上主義者はきわめて少数だ。少なくとも筆者は出会ったことがない。

第四に、氏の本の第二章では、「誤解のないように、最後にもう一度繰り返せば、グリーン・ニューディール策による国土改造の大型投資は不可欠である」と書いてある(九五頁)。しかし、グリーン・ニューディールにおいて中心となるのは再エネと省エネであり、「国土改造」という言葉はやはり違和感がある(彼の本には省エネへの具体的言及も少ない)。この第二章は、グリーン・ニューディールの問題点をリストアップしており、個別の論点は正しいものもあるものの、氏の注意にもかかわらず、再エネや電気自動車は問題があるという前出の記述も含めて、多くの人は全体的な印象として「グリーン・ニューディールは不可欠ではない」と誤解したのではないだろうか。

第五に、斎藤幸平氏は、途上国(グローバル・サウス)を重視しており、氏の本の第八章では、先進国はグローバル・サウスのいろいろな運動の先駆性に学ぶべきという趣旨のことが書かれている。それはまったく正しい。しかし、気候変動問題とグローバル・サウスという文脈で途上国が先進国に最も求めていることを、ここであらためて強調しておきたい。それは、本章でも述べたように、先進国が賠償や補償の意味を含めて、気候変動分野での資金・技術支援を、他の分野の政府開発援助(ODA)などは減らさずに拡大することだ。しかし、票につながらない(国民に関心がない)ために、今、ODAを増やすべきというようなことを言う政治家は日本ではほぼ皆無であり、研究者も少ないのが現状だ。

第六に、これが筆者の最大の問題意識なのだが、量的にはわからないものの「脱成長コミュニズム」が温暖化対策に資することは確かだろう。しかし、パリ協定の目標達成のための十分条件ではない。氏は、「国家が企業や個人の二酸化炭素排出量を徹底的に監視し、処罰する「気候毛沢東主義」」を好ましくないオプションとして批判している(二八三頁)。しかし、どのように処罰するかどうかは別にして、「国家が企業や個人の二酸化炭素排出量を徹底的に監視する」ことは、すでに排出量取引制度などを導入した多くの国や地域で行なわれており、そのような監視がなくてCO_2排出を短い期間で大幅に削減する、たとえばパリ協定とジャスティスを考慮した場合の一〇年で一〇〇%以上削減というのは絶対に不可能だ。一〇%や二〇%でも難しいであろう。また、実際には、処罰の仕方は国それぞれであり、前述のように、すでに炭素価格という「罰金」を課している国は多くある。それを払わなかったら罪に問われるという意味では、洋の東西にかかわらず、「気候毛沢東主義」はすでに普遍的になっている。

さらに、たとえば欧州各国政府が決めている「二〇三〇～四〇年石炭火力発電フェーズアウト」は、動いている商業施設を政府が無理矢理止めるという意味で、おそらく立派に「気候毛沢東主義」であり、国家権力の濫用と批判する人もいる。実際に、仙台での石炭火力発電所操業差止め訴訟に関わっていて、そのような批判を筆者は耳にした。しかし、石炭火力のフェーズアウトなしでは二〇三〇年に一九九〇年比で五〇％あるいは六〇％程度の排出削減を実現することさえ絶対に不可能だ(運輸や民生分野でそれこそ一〇〇％近く削減する必要がある)。

斎藤幸平氏の本を読んで、「再エネや省エネは意味がない。その代わりに脱成長コミュニズム的な考え方や生活をすれば温暖化対策は問題ない」、あるいは「再エネや省エネは意味がない。コミュニズム的な考え方や生活は嫌だ」と思ってしまう人が多く出てくるのが心配だ。前者の場合、氏の本を読んだだけでは、多くの人は、今すぐに具体的に何をやればよいのかわからないだろう。後者の場合、CO_2排出削減はまったく実施されない。多くの人が再エネ・省エネの導入に否定的になることで、結果的に温暖化対策を大きく遅らせてしまう効果を持つことを危惧する。

議論のさらなる活性化を

ただし、筆者にも、「二〇三〇年にCO_2排出の一〇〇%以上削減をどうやって実現するか?」に対する明瞭な答えがあるわけではない。その意味では何も偉そうなことは言えない。以下は、不明瞭な答えのようなものであり、ある意味では言い訳でもある。

まず筆者たちは、前出の「レポート2030」では、政治家、官僚、産業界を説得するために、あえて相手側の土俵に乗った。すなわち、彼らの活動量(例:二〇三〇年における鉄の生産量)想定や前提をそのまま使って、いわゆる革新的技術に頼らなくても、二〇三〇年に一九九〇年比で五三%減という、二〇二一年四月の気候サミット前の政府のCO_2排出削減数値目標から三十数%は引き上げることが技術的に可能であり、経済的にも合理的であることを示した(気候サミットで新たに提示された二〇三〇年に二〇一三年比で四六%削減という目標からは約一五%引き上げられる)。それが、第5章で紹介したようなロジックや計算だ。

また、早期の脱原発や脱石炭をめざす議員が地元で話をしたときに必ず聞かれる「電気代は高くならない?」「停電にならない?」にも、彼ら彼女らが「そうはなりません」と、ある程度の自信を持って答えられるような内容にした。

さらに、筆者たちは、二〇五〇年カーボンニュートラルを本当にめざす場合の雇用転換に関する真剣な議論を始めるきっかけになることを期待して、新たに創出される雇用と喪失や配置転換などのマイナス影響を受ける雇用の具体的な数値を示した。同時に、マイナス影響を受ける産業の日本経済への貢献度が小さくなっていることも数値で示した。このような具体的な数字が整理されたかたちで日本において示されたのは初めてであり、大きな反発をよぶことは覚悟している。

財源に関しては、年間約二〇兆円の投資が必要で、約五兆円が公的資金によるものとした。すなわち、MMT論に頼らず、健全財政という観点からも許容されうるレベルにした。

もちろん、「二〇三〇年に一九九〇年比でCO_2排出五三％減」という数値が、一・五℃目標もジャスティスも満たしておらず、グレタに怒られることも十二分にわかっている。しかし、この筆者たちの「二〇三〇年に一九九〇年比五三％減」という数値さえも、単なる精神論というレッテルが貼られて、内容が検討されることもなく永田町や霞が関に無視される可能性はきわめて高い。それが日本の現状だ。

筆者は悲観的な敗北主義者になっているのかもしれない。斎藤幸平氏のような若い知性がたくさん気候変動を語ってほしいと切に思うし、筆者たちのような世代の研究者の矛盾をどんどん突いてほしい。それで日本での気候変動やシステム・チェンジに関する議論が活性化されれば本望だ。

終章

現世代と未来世代の豊かさと幸せをめざして

人間の本質は気候変動対策をしない？

二〇一七年のノーベル経済学賞は行動経済学を専門とするリチャード・セイラー米シカゴ大教授が受賞した。行動経済学は、人間の「本質」として、①短期的視点しか持たない、②得よりも損を気にする、③不公平に敏感、の三つを重要視する。

したがって、資本主義云々以前に、行動経済学によれば、多くの人間は本質的に気候変動対策をしない。なぜなら、①気候変動の被害が深刻になるのは将来、②(具体的な中身はよくわからないものの)気候変動対策をするとおそらくコストがかかる、③他の国(例：米国や中国)が気候変動対策をやっていないから不公平、ときわめて多くの人が思っている、あるいは思わせられているからだ。

また、これも多くの人が、「地球にやさしい」という言葉は知っているものの、気候変動対策の具体的な中身や必要とされるレベル、たとえば本書で何回も触れたように、一・五℃以下に気温上昇を抑制する場合は二〇三〇年まで(二〇二一年からだと九年！)に世界全体で五〇%、ジャスティスを考えれば先進国は一〇〇%近くCO_2排出を減らす必要があることを知らない。

第1章でも述べたように、温暖化問題に関心がある人でも知らない人は多い。

さらに、気候変動対策は、基本的には化石燃料の使用を止めて、①省エネ、②再エネ、③(コスト、安全性、廃棄物の話は措いて)原発、の三つを増やすことしかない。しかし、気候変動対策あるいは温暖化対策という、何か特別の対策があるように誤解している人が多い。二〇一一年の東日本大震災の直後、筆者はあるFMラジオ局のナビゲーターが、「日本は、温暖化対策はきちんとやっているものの、エネルギー対策はきちんとやっていない」と言っていたのを聴いてラジオを壊したくなったのを覚えている。日本でエネルギーや温暖化問題に関する認識が一般の人々になかなか浸透しないのは、アカデミズムやメディアの問題も大きい。

そして、状況が悪化してから、何か「地球にやさしい」ことをやれば問題は解決すると思ってしまっている人も多い。すなわち、明日、仮に人類が絶滅して人為的な温室効果ガスの排出がゼロになったとしても、これまで人類が排出してきた温室効果ガスの蓄積効果によって気温上昇が続くという科学的メカニズムを知る人は、筆者の経験によるときわめて少ない。

日本の政府による「公害を克服した日本は環境問題で世界のリーダーシップをとっている」「日本の技術を用いての海外での国際環境協力が大事」というお決まりのフレーズも、国民に対するプロパガンダとしてきわめて効果的に機能している。すなわち、「日本は世界のリーダーシップをとっているくらい環境対策を十分にやっているから、国内では温暖化対策はあまりやらなくてよい」という認識が深く根付いてしまっている。前出のフレーズは責任転嫁と日本の技術を売りたいがための宣伝文句と国際社会からは見られているにもかかわらず、だ。

以上が、人間の本質を念頭に入れつつ、気候変動問題を真剣に考えた時に変えていかなければならない世界および日本の現状であり、世の中で支配的な言説だ。しかし、米国の場合、次に述べるように、さらに人種問題、貧困・格差問題、そして大企業や保守派の政治支配力がより強く明示的に関係してくる。

新自由主義者による再編成

米国の気候変動NGOである350.orgのビル・マッキベンは、あるインタビューで「最初は、気候変動問題は科学の問題だと思っていた。しかし、深く関わり始めて、気候変動問題とは戦うことだと知った」と答えている。

第6章で、グリーン・ニューディールの意味として、「ガバニング・アジェンダ」という言葉と共に、「これまで結びついていなかった問題群や支持者たちを、共通の価値観によって結びつける政治的編成(political alignments)」という言葉を紹介した。この、「政治的編成」は、実は、古今東西における政治の本質そのものでもある。すなわち、自分たちにとって好ましい方向に社会を変えようとする場合、この「政治的編成」を実現することが最重要となる。

具体的に示そう。本書を通じて、グリーン・ニューディーラーが考えるシステム・チェンジのターゲットの大きな一つが、企業への制約や政府の役割を小さくし格差拡大を進めるような新自由主義であることを述べてきたつもりだ。その新自由主義は、米国では、レーガン政権（一九八一〜八九年）とその後の、まさに緻密な「政治的編成」によって作られた。以下は、サンライズ・ムーブメントのメンバーが書いた本である『グリーン・ニューディールを勝ちとる――どうしてそれが必要で、どうやって実現するか（*Winning the Green New Deal: Why We Must, How We Can*）』（Prakash and Girgenti 2020: 二〇二一年夏に関西学院大学朴勝俊教授らの邦訳が那須里山舎から出版予定）からの抜粋である。少々長くなるが、米国のグリーン・ニューディーラーが何をチェンジしようとしているかがよくわかるので紹介する。

（前略）レーガン時代の経済常識は、しばしばレーガノミクス、つまり新自由主義と呼ばれる。この常識は、アメリカ政治を半世紀近く支配してきた。それは、あまりにもお馴染みになってしまったものだが、「自らを制御する市場」や私有化（民営化）、規制緩和、減税、労働組合バッシング、そして自分自身の向上を目指す個人主義などでがんじがらめにする思想だ。レーガン主義全体に織り込まれているのは人種差別の犬笛（暗号化された言葉）であり、それは右派の革命の奥に存在する白人至上主義を隠蔽するものだ。「アメリカ人とは白人のアメリカ人であり、本当のアメリカ人は自分のために働き納税している。有色人種は、私たちの国と経済を暴力と怠惰で脅かしている」というメッセージだ。レーガン主義は、新自由主義や戦略的人種差別、福音主義的右派の文化的基盤である反フェミニズム、中絶反対、世俗主義への不信感などを織り交ぜ、「小さな政府」という単一の物語に統合したのである。政府に問題があると思うなら、市場を信頼するようにとレーガン派は言った。

右派の再編成者たちは、反政府的なレーガン革命を形づくる政策や思想を研ぎ澄まして、権力獲得のための準備をしてきた。ウェイリッチ(筆者注：米国の保守思想家)の申し子であるヘリテージ財団は、「リーダーシップのための指令」と題した千ページに及ぶ新自由主義的な政策マニュアルを、就任式までに次期大統領に手渡すべく急いだ。ヘリテージ財団は後に、レーガンは、大統領の第二期中にこのマニュアルの三分の二近くを実現させた、と主張した。ヘリテージ財団やその他の新自由主義者の支援を受け、レーガン政権は減税を行い、最低賃金を時給三・三五ドルに据え置き、公共部門の大幅な削減を行った。ニューディール協定の中枢を撃ち抜くことを狙って、レーガンはストライキを起こした一万一〇〇〇人以上の航空管制官を解雇した。こうして政府は、既存の労働法制を執行するつもりはないというメッセージを、労働者たちに送ったのだ。ストライキの数は激減し、ワグナー法（筆者注：米国の労働者保護の法律）違反の報告数は激増した。一九七九年から一九八八年の間に、貧困ライン以下で生活するアメリカ人の数は二六〇〇万人から三一五〇万人に増加した。一方、上位一％の人びとの所得は毎年増加し、八〇年代の終りには国富の三九％を保有していた。レーガン派はウォール街と連携して、家族に過度の家計負担を負わせないためのニューディール時代の保護を撤廃し、他方では、大銀行が行うリスクの高い投資に対する制限も撤廃して、その後の住宅市場崩壊と二〇〇八年の金融危機への道を開いた。

財政支出削減と規制緩和が様々に行われたが、レーガン派の「小さな政府」理念は決して、介入を慎む弱い政府を意味するものではなかった。政権は大企業や富裕層に有利なように経済のルールを書き換えつつ、米軍や刑務所を拡大し、有色人種をターゲットにした法執行プログラムを強化したのだ。（後略）

すなわち、レーガンおよびレーガンの周りにいる人々によって、ルーズベルトのニューディールは全否定され、米国社会は再編成された。

もう少し引用を続けよう。

（前略）右派の再編成派は、以前のニューディーラーと同じように、連合の構築と政策の大転換を苦労して両立させた。ニューヨーク・タイムズ紙は、レーガン大統領の一期目の終わりに彼は「国家目標の再構築」に成功したと記した。政府の縮小や、市場の自由化、犯罪の取り締まり、伝統的な家族的価値観の防衛といったような目標が、賢明な政治の目標とされた。二大政党が公転していた円軌道の中心は、以前に比べてはるかに右に移動していたが、レーガンはそれを知っていた。退任演説の中で彼は、評論家たちがレーガン政権の功績を「レーガン革命」と称していることについて、「私にはそれはむしろ、偉大なる再発見のようなものでした。我々の価値観と常識の再発見に過ぎないものでした」と述べた。

この常識は長続きした。政治科学者のスティーブン・スコウロネックは、レーガンの勝利から二〇年後に「レーガンの後継者たちはみな、レーガンが設定した政治的期待に応えざるをえなかった」と記した。「政治的に言えば、アメリカはまだレーガン時代の中を歩んでいる」のだ。（後略）

すなわち、右派の政治的な「再編成派」によって、米国の社会システムは新自由主義に変わった。その意味で、米国のグリーン・ニューディールとは、気候変動対策を頭に入れながら、国全体をルーズベルトの時代の社会システムに戻す作業と言っても過言ではない。そのために、米国では、ガバニング・アジェンダであるグリーン・ニューディールが、かつての「公民権運動」と同じような社会運動として語られ、同じような強度で推し進められようとしている。

日本の場合、このようなシステム・チェンジの対象が、アメリカの場合ほど明確ではないかもしれない。もちろん、差別や格差が存在しないわけではない。しかし、たとえば、日本には公民権運動も、エクソンモービルのような巨額な政治献金を供給したり温暖化懐疑論をまきちらしたりする化石燃料産業も存在しない。そうは言っても、日本にも、日本経済団体連合会（経団連）のように、政治献金をしたり、国際環境経済研究所などのシンクタンクを通して温暖化対策に否定的な言説を流したりするような組織は存在する。彼らの政治的影響力はきわめて大きい。

日本の環境アクティビストである小野りりあんが、インタビューで「日本だけでなく欧米でも、「環境問題は経済的余裕のある意識高い系が好むテーマ」という見方がありますね。そんな意識が、毎日の暮らしに追われる人たちを気候変動問題から遠ざけてしまっている。ただ私は逆だと考えています。気候変動を引き起こした現在の社会システムの矛盾は、格差や差別、長時間労働や様々な「生きづらさ」につながっていると。ジェンダーやLGBTQの差別への抗議、フラワーデモ、ワーカーズコープ（労働者協同組合）など、声を上げて連帯する動きが広がっています。いまは問題意識や立ち位置が分かれているけれど、「気候正義」というキーワードで結べば、もっと互いにつながって見えてくるものがあるのでは、と考えています」と語っている(『朝日新聞』二〇二一年二月一一日)。

筆者は、この記事を読んで、日本では「生きづらさ」というのが、グリーン・ニューディールを語るときのキーワードになるのかなと考えた。様々な「生きづらさ」を感じている人が、それぞれチャレンジあるいはチェンジすべきだと考えているターゲットは、実は同じような人たちだったり、組織だったり、社会の仕組みだったりすることに気がつく。とにかく、日本では、まず気づいて、そしてつながることから始める必要がある。

ゆっくり勝つことは負けること

しかし、つながるだけでは勝てない。勝つためには、まず何が「勝ち」なのかを明確にすることが必要だ。次に、それを実現するための法制度を、好き嫌いにかかわらず官僚や政治家と一緒になって作る必要がある。

しばしば筆者は、「脱原発や脱温暖化はできるのでしょうか?」と質問される。しかし、二つの意味で、この質問自体に問題がある。

第一は、エネルギーや温暖化の問題は、できるかできないかではなく、選ぶか選ばないかという種類の問題だからだ。かつて福島第一原発事故後に「原発をやめるという選択肢をとるのは集団自殺だ」と公言した民主党の大物政治家がいた。しかし、ドイツも日本も死んでいない。

第二は、より大事なのだが、目標やそれをいつまでに達成するかというタイムスケジュールが具体的に示されないと何も答えられないことだ。一・五℃目標を議論しているのか、それとも二℃目標を議論しているかで、答えの中身はまったく異なる。くり返しになるが、一・五℃目標であれば、公平性も考えるのなら、この一〇年間で先進国はCO_2排出を一〇〇%近く削減する必要がある。すなわち、時間は文字通りまったくなく、「ゆっくり勝つことは負けることと同じ」(ビル・マッキベン)となる。その意味で、第6章では、誰がいつまでに、何を、という具体的なスケジュール感や切迫感が乏しい斎藤幸平氏の「脱成長コミュニズム」に対して少々厳しく批評した。

そして目標がはっきりしたら、それを実現するための制度が必要となる。第5章では、日本でグリーン・ニューディールを実現する際に必要な制度や政策の内容とともに、それによって得られる具体的な投資額、経済効果(GDP追加額)、雇用創出数、CO_2排出削減量などを明らかにした。ただし、これもくり返し述べるように、私たちが提示したCO_2排出削減量(二〇三〇年に一九九〇年比五三%削減)では一・五℃目標もジャスティスも実現できない。

第5章では、日本での雇用転換についてもはっきり具体的に書いた。目標や制度設計によってタイミングの差はあるものの、エネルギー転換によって、ある産業や企業は必ず発展し、ある産業や企業は必ず停滞する。したがって、停滞する産業は、目標の明確化自体に反対する。しかし、冷徹だが、産業の衰退は必然である。歴史は、技術革新を起こし、新しい産業を作っていかないと、経済的な豊かさを維持することができないことを示している。実際に、中国では石炭消費減少によって一〇〇万単位の人が失業することになる。その数には及ばないものの、金融機関が化石燃料関連投資から資金を引き上げるなか、火力発電ビジネスに関わっていた独シーメンスや米ゼネラル・エレクトリック（GE）は大幅な人員削減を行なっている。

ただし、ドイツと中国では、エネルギー転換の理由や背景はかなり異なる。ドイツでは、チェルノブイリ原発事故を経験した後、再エネによる市民発電や化石燃料会社からの投資撤退などを進めることが、生活を向上させ、良質な雇用を多数創出し、民主主義を土台から再活性化することができるという認識が市民社会の中にある。一方、中国では、政府が大気汚染対策とエネルギー・産業構造の転換を明確な目的として持っている。そのような上からの「指導」と、成熟した市民社会はないものの、純粋に豊かになりたい幾多の人々による旺盛な起業家精神と、大気汚染のひどさを改善したいという要求とがうまくミックスされて、再エネの爆発的導入が起き、五〇万円以下の電気自動車が開発された。

重要なのは、どのような理由や背景があれ、先進国か途上国か、資本主義かコミュニズムかなどに関係なく、豊かさの実現や雇用創出のためにエネルギー・産業構造の大転換が必要という最重要で根源的な認識のもと、政府によって具体的な法制度が構築され、それによって再エネと省エネに多額の投資がなされ、多くの雇用が生まれ、五年後や一〇年後ではなくて今、CO_2などの排出が削減されることだ。それらが結果として同時に起きることであり、まさにそれがグリーン・ニューディールだ。

くり返すが気候変動対策は、基本的に再エネと省エネを導入して化石燃料消費を減らすことしかない。原発は、コストが高くて安全ではなく、廃棄物処理の目途もたっていないので、経済合理的な選択肢になり得ない。再エネと省エネ以外の対策(例：水素、メタン、アンモニアなどの燃料化、CO_2回収貯留・利用などの革新的技術)を主張している人々の大部分は、化石燃料を使い続けたいと考えており、再エネや省エネが導入されると困るので、それを阻止、あるいは先延ばしするための方便で言っているにすぎない。原発の場合は、第2章でも書いたように、核兵器転用ポテンシャルという別の本音がある。そもそも原発も、いわゆる革新的技術も、二〇三〇年には間に合わない。

「未来のために」の制度化

本章の冒頭で、人間は短期的視点しか持たないと書いた。しかし、何事にも例外はある。長期的視点、すなわち未来世代のことを真剣に考えることを義務づけ、それを法律という制度にまでした「国（カントリー）」が地球上にたった一つだけ存在する。ウェールズだ。

本書を終えるにあたって、このウェールズの画期的な法律を紹介したい。二〇一五年に制定された「未来世代の豊かさと幸せに関する法（Well-being of Future Generations Act：「未来世代法」）」は、政府や地方自治体などのすべての公的機関での意思決定において、未来世代の利益が十分に考慮されているかの検討を義務づけた法律だ。ウェル・ビーイング（Well-being）は、「豊かさと幸せ」と訳せるだろう。

この法律は、社会、環境、経済、そして文化という四つの側面から「豊かさと幸せ」を考え直し、より良い意思決定によって、未来世代だけでなく現世代の貧困、教育、失業などの複雑な問題を解決することも目的としている。制定の過程では、若者を含む大規模な国民対話が時間をかけて実施され、そこで議論された「私たちが望むウェールズ」のビジョンがウェル・ビ

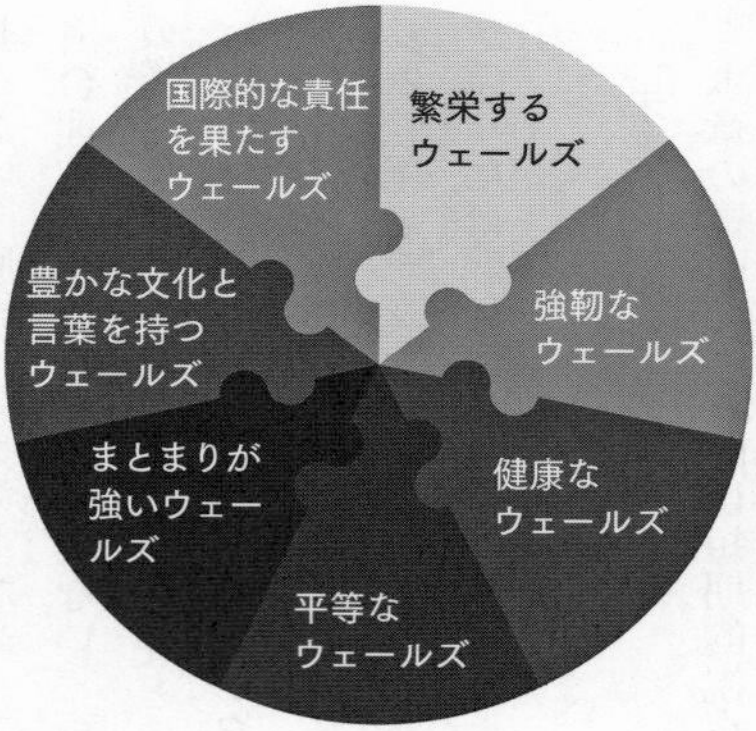

国民対話で決めたウェールズのウェル・ビーイングのゴール
出典：ウェールズ政府の HP

ーイングのゴールとして法律に反映された(図参照)。

皆さんもご存知の言葉に「持続可能な発展」がある。この少々擦り切れた言葉は、一九八七年の「環境と発展に関する世界委員会報告書」では「将来の世代が自らのニーズを満たす能力を損なうことなく、現在のニーズを満たす発展」と定義されている。まさにウェールズは、この言葉を具体的な法律にした。また、この法律では、「発展」という言葉を「豊かさと幸せ」という言葉に置き換え、具体的に「低炭素で、環境という有限のバウンダリー(境界)の中で提供され、働きがいのある人間らしい仕事を生み出すことができるもの」と再定義した。

この法律の最も重要なポイントは、未来世代に悪影響を及ぼす可能性のある政府や地方自治体の決定を市民が変えられるということだ。具体的には、公的機関の意思決定や政策が未来世代の利益を考慮したものであるかを、市民も参加する第三者機関がチェックする仕組みを取り入れている。これによって、政府や地方自治体が持つ価値観、経済政策、社会や環境のための法律や政策の策定方法など、公的機関が行なうすべてのアクションが、未来世代の利益を考えて再構築される。

この法律制定の立役者となったウェールズの元環境・持続的発展・住宅担当大臣のジェーン・デイビッドソンは、「この法律の強みは、私たちがこの世界をどのように捉え、何を大切にすべきかを全面的に見直すことを要求している点にある」と説明している(Jane Davidson

2020）。

なぜこのような法律の制定がウェールズでは可能だったのだろうか。デイビッドソンは、①ウェールズの小ささ、②スピードと柔軟性を持って行動できる行政能力、③一九九九年の英国からの自治権移行、の三つがこのような革命的なパラダイムシフトを可能にしたとする。彼女は、政府や企業に現在の目標をより持続的に追求するよう促すだけでなく、目標を再定義し、組織の文化を変えようとするこのような施策は、未来世代の利益を確保するために、ウェールズだけでなく世界中で必要とされている、とも述べている。まったくその通りだ。もし日本にこのような法律があれば、筆者が関わった仙台での石炭火力発電所稼働差止め訴訟はもっと楽であっただろうとつくづく思う。

本書では、グリーン・ニューディールが生まれた背景を紹介し、具体的な内容も示し、課題も分析した。まずチェンジされるべきなのが新自由主義という社会システムであることも述べた。カーボン・バジェットやジャスティスについて説明し、残された時間はきわめて短い一方で、対峙する相手は巨大な権力を持つことも伝えたつもりだ。本章冒頭での人間の本質などに関する記述も含めて、状況は悲観的という印象を与えたかもしれない。

冷静に考えると、状況は悲観的であり、絶望的でさえあることを筆者は否定しない。事実を無視した根拠のない楽観主義の方が罪深いと思う。ただ、二〇年ほど前に、筆者が参加した日本の環境問題のシンポジウムで、医師として水俣病問題に深く関わった故原田正純先生が、「どんな絶望的な状況でも、必ず小さな希望がある」と語っていたのを思い出す。水俣病という深い闇をつぶさに見た原田先生の言葉だったので、とても重みがあった。今の時代で考えれば、その小さな希望が、Fridays for Future やサンライズ・ムーブメントの若い人たちであり、ウェールズの「未来世代法」だと思う。

私たちには、ガバニング・アジェンダとしてのグリーン・ニューディールという道具がある。多くの人が、システム・チェンジのために、その道具を手にとり、時には武器として使うきっかけに本書がなれば、著者としてこれ以上にうれしいことはない。

あとがき

本書を閉じるに当たり、自分の経験談を少しお話ししたい。筆者が本書のメインテーマの一つである地球温暖化問題に深く関わるようになったのは、やはりCOPにオブザーバーとして参加したことが大きい。そこで、温暖化問題をめぐる国際と国内の両方の政治にはまった。最初に参加したCOPは、一九九六年にドイツのベルリンで開かれたCOP2だ。当時は環境大臣であったメルケルが議長を務めており、猛訓練をしたという英語で一所懸命議論を仕切っていた。

一九九七年の京都会議(COP3)では、多くのドラマがあった。特に、最終日の深夜から早朝にかけて、中国が国際的な排出量取引制度の導入に反対して議論が止まった時は、交渉は決裂すると覚悟した。まさにお先真っ暗な感じだった。そう思っていたら、たまたま乗り合わせたエレベーターの中で、日本の外務省の人が「まだまだこれからですよ」と元気に言っているのを聞いて非常に驚いた。「場数を踏んでいる外交官はこういう感覚で仕事をしているのか」と素直に感動した。また、知り合いの米国の交渉担当者がブースを片付けながら「今回のCOPで米国は得たいと思っていたものはすべて得た」と勝ち誇ったように言ったのも、悔しさと共に記憶に残っている。

二〇〇〇年のオランダ・ハーグでのCOP6は決裂した。実は、EU首脳以外で、世界で最初に決裂を知ったのは私だと思う。というのは、最終日、ある部屋の前にたくさん人が集まっていたので、何かなと思って人混みの最後尾についていたら、いきなり部屋のドアが開いて、一人の気難しい顔をした男性が出てきて、早足でこっちにずんずんと歩いてきた。人の流れに押されてなすすべもなく、気づいたら自分は彼の横を一緒に歩かされていた。そしてたくさんの記者が彼に質問しているのを、まさに真横で聞いていた。彼はEU代表団をまとめていた英国の環境大臣ジョン・プレスコットで、彼が出てきた部屋では米国の提案を受け入れるかどうかを決めるEU首脳会議が開かれていた。ドラマというかMr.ビーンの一シーンのような感じであり(最初は訳がわからず、我ながらかなり間抜けな顔をしていたと思う)、会議の延期を意味するdeferという英単語もその時に初めて知った。このCOPでは、米国の交渉団トップであったフランク・ロイに、若い女性がつかつかと歩いていって顔にカスタード・パイを投げて見事に命中するという事件(快挙?)もあった。

この頃のCOPは、参加人数もそれほど多くなく、日本政府の交渉担当者には怒られるかもしれないものの、そこはかとなくのどかな雰囲気もあったように思う。今は見ることがなくなったが、かつてはたくさんの大小、色とりどりの案内の紙が貼られている掲示板があった。そこにはどのCOPでも「サッカーが好きな人は日曜日にどこそこに集合！」というメモが貼られており、筆者は何回か日本代表(?)としてプレーした。ドイツやデンマークの交渉担当者も参加していて、「日本の交渉団では絶対あり得ない。世界は違う」などと思った。

その頃と今を比べてつくづく思うのは、再エネが本当に安くなったことだ。もちろん、再エネが自然に安くなったわけではない。製造コストが多少かかっても再エネの方がいいと思って作った人がたくさんいて、それを多少価格が高くても買った人がたくさんいたからだ。その意味で、人間はまだ信じられる。

ただし、格差と分断がこんなに広がるとは思わなかった。ナイーブに聞こえるかもしれないが、もう少し平和な世界がおとずれると思った。フランシス・フクヤマが言うように「歴史の終わり」が始まり、新たな共通課題として人類全体が地球環境問題に積極的に取り組む、そのような美しいストーリーが展開するという期待が少しはあった。しかし、歴史が終わることはなく、逆にGゼロと呼ばれるような混沌とした時代が始まろうとしている。温暖化に関しても、人類は産業革命以降で三℃以上上昇という世界にまっしぐらに進んでいる。グリーン・ニューディールが新しいストーリーを紡ぐことができるかは私たちにかかっている。

筆者は、Fridays For Futures Japan のシニア会員(?)で、なんとなく彼らのスラック上での議論はフォローしている。そこでは最近、「若者も知識をつけなければならない」という意見と「知識がないとアクションできないというのはおかしい」という二つの対立する意見が交わされている。

上から目線に聞こえるかもしれないものの、このような議論に対しては微笑ましさも感じる。おそらくどちらも正しい。知識がなければ力にならない場合は多々ある。しかし、力がなくてもチャレンジしなければならない場合も多々ある。時も気候変動も待ってくれない。若い人たちが、本書を読んで知識を得てくれればうれしいし、別に読まなくても、どんどん声をあげて、アクションを起こしてほしい。

この本がここまでのかたちになるにあたっては、多くの方々、なかでも岩波書店の清宮美稚子氏には特にお世話になった。記して篤くお礼申し上げる。

二〇二一年五月

明日香壽川

主要参考文献

第 1 章

Kelley, Colin P. et al. (2015) "Climate change in the Fertile Crescent and implications of the recent Syrian drought", *PNAS* March 17, 112 (11) 3241-3246.
https://doi.org/10.1073/pnas.1421533112
Climate Action Tracker (2021) "Japan's Paris Agreement target should be more than 60% by 2030-analysis", 2021/03/04.
https://climateactiontracker.org/press/japans-paris-agreement-target-should-be-more-than-60-by-2030_analysis/

第 3 章

判治洋一(2014)「省エネルギーの現状と課題――産業・業務分野を中心に」一般財団法人省エネルギーセンター，平成 26 年 2 月.
https://www.pref.fukuoka.lg.jp/uploaded/life/566017_60631538_misc.pdf
IEA (2020) "Sustainable Recovery: World Energy Outlook Special Report".
https://www.iea.org/reports/sustainable-recovery
Lazard (2020) "Levelized Cost of Energy and Levelized Cost of Storage 2020", Oct. 19.
https://www.lazard.com/perspective/levelized-cost-of-energy-and-levelized-cost-of-storage-2020/
Stirling, Andy and Johnstone, Philip (2018) "A Global Picture of Industrial Interdependencies Between Civil and Military Nuclear Infrastructures", *SWPS* 2018-13.
https://ssrn.com/abstract=3230021

主要参考文献

第4章

Galvin, Ray and Healy, Noel (2020) "The Green New Deal in the United States: What it is and how to pay for it", *Energy Research & Social Science*, 67.

https://www.sciencedirect.com/science/article/pii/S2214629620301067

この論文には下記の関西学院大学の朴勝俊教授による和訳がある.

ガルビン，レイ＆ヘリー，ノエル(2020)「米国におけるグリーン・ニューディールとは何か，その資金はいかにして調達するか」翻訳：朴勝俊(2020/11/12).

https://green-new-deal.jimdofree.com/https-green-new-deal.jimdofree.com-2020-11-13-galvin-healy-psj/

朴勝俊・長谷川羽衣子・松尾匡(2020)「反緊縮グリーン・ニューディールとは何か」『環境経済・政策研究』13巻1号，pp. 27-41.

https://doi.org/10.14927/reeps.13.1_27

Hepburn, Cameron et al. (2020) "Will COVID-19 fiscal recovery packages accelerate or retard progress on climate change?", *Oxford Review of Economic Policy*, Volume 36, Issue Supplement_1, Pages S359-S381.

https://doi.org/10.1093/oxrep/graa015

第5章

グリーンピースジャパン・気候ネットワーク(2018)『石炭汚染マップ』大気汚染シミュレーションから予測される健康影響.

https://sekitan.jp/wp-content/uploads/2018/03/FINALJP_Health-results-by-plant_CORRECTED-revised. pdf

Cohen A. et al. (2017) "Estimates and 25-year trends of the global burden of disease attributable to ambient air pollution: an analysis of data from the Global Burden of Diseases Study 2015", *Lancet* 389, pp. 1907-1918.

https://www.thelancet.com/journals/lancet/article/PIIS0140-6736(17)30505-6/fulltext

IRENA (2020) "Post-COVID recovery: An agenda for resilience, development and equality".
https://www.irena.org/publications/2020/Jun/Post-COVID-Recovery
Watts, Nick et al. (2018) "The Lancet Countdown on health and climate change: from 25 years of inaction to a global transformation for public health".
https://www.thelancet.com/action/showPdf?pii=S0140-6736%2817%2932464-9
LUT and EWG (2019) "Global Energy System Based on 100% Renewable Energy: Power, Heat, Transport and Desalination Sectors".
http://energywatchgroup.org/wp-content/uploads/EWG_LUT_100RE_All_Sectors_Global_Report_2019.pdf
Phadke, A. G. et al. (2020) "2035 The Report: Plummeting Solar, Wind, and Battery Costs Can Accelerate Our Clean Electricity Future".
https://www.2035report.com/

第6章

朴勝俊・長谷川羽衣子・松尾匡(2020)「反緊縮グリーン・ニューディールとは何か」『環境経済・政策研究』13巻1号, pp. 27-41.
https://doi.org/10.14927/reeps.13.1_27
Baer, P. et al. (2008) "The right to development in a climate constrained world: The Greenhouse Development Rights framework", Second Edition. Executive Summary, September.
https://www.sei.org/publications/right-development-climate-constrained-world-greenhouse-development-rights-framework/
Berglund, Oscar and Schmidt, Daniel (2020) *Extinction Rebellion and Climate Change Activism: Breaking the Law to Change the World*, Palgrave Macmillan.
Climate Action Tracker (2021) "Japan's Paris Agreement target should be more than 60% by 2030-analysis", 2021/03/04.
https://climateactiontracker.org/press/japans-paris-agreement-target-s

hould-be-more-than-60-by-2030_analysis/
IEA（2020）“Sustainable Recovery: World Energy Outlook Special Report”.
https://www.iea.org/reports/sustainable-recovery

終章

Davidson, Jane（2020）*#futuregen: Lessons from a Small Country*, Chelsea Green Pub Co.
Prakash, Varshini and Girgenti, Guido（2020）*Winning the Green New Deal: Why We Must, How We Can*, Simon & Schuster.

明日香壽川

1959年生まれ．東北大学東北アジア研究センター・同大学院環境科学研究科教授．東京大学農学系研究科大学院(農学修士)，東京大学工学系研究科大学院(学術博士)，INSEAD(経営学修士)．京都大学経済研究所客員助教授などを経て現職．(公財)地球環境戦略研究機関気候変動グループ・ディレクターを兼任(2010〜13年)．
専攻－環境エネルギー政策
著書－『地球温暖化 ほぼすべての質問に答えます！』(岩波ブックレット，2009年)，『クライメート・ジャスティス――温暖化対策と国際交渉の政治・経済・哲学』(日本評論社，2015年)，『脱「原発・温暖化」の経済学』(中央経済社，2018年，共著)など．

グリーン・ニューディール
――世界を動かすガバニング・アジェンダ　岩波新書(新赤版)1882

2021年6月18日　第1刷発行

著　者　明日香壽川(あすかじゅせん)

発行者　坂本政謙

発行所　株式会社 岩波書店
〒101-8002 東京都千代田区一ツ橋2-5-5
案内 03-5210-4000　営業部 03-5210-4111
https://www.iwanami.co.jp/

新書編集部 03-5210-4054
https://www.iwanami.co.jp/sin/

印刷製本・法令印刷　カバー・半七印刷

ISBN 978-4-00-431882-8　　Printed in Japan

岩波新書新赤版一〇〇〇点に際して

ひとつの時代が終わったと言われて久しい。だが、その先にいかなる時代を展望するのか、私たちはその輪郭すら描きえていない。二〇世紀から持ち越した課題の多くは、未だ解決の緒を見つけることのできないままであり、二一世紀が新たに招きよせた問題も少なくない。グローバル資本主義の浸透、憎悪の連鎖、暴力の応酬――世界は混沌として深い不安の只中にある。

現代社会においては変化が常態となり、速さと新しさに絶対的な価値が与えられた。消費社会の深化と情報技術の革命は、種々の境界を無くし、人々の生活やコミュニケーションの様式を根底から変容させてきた。ライフスタイルは多様化し、一面では個人の生き方をそれぞれが選びとる時代が始まっている。同時に、新たな格差が生まれ、様々な次元での亀裂や分断が深まっている。社会や歴史に対する意識が揺らぎ、普遍的な理念に対する根本的な懐疑や、現実を変えることへの無力感がひそかに根を張りつつある。そして生きることに誰もが困難を覚える時代が到来している。

しかし、日常生活のそれぞれの場で、自由と民主主義を獲得し実践することを通じて、私たち自身がそうした閉塞を乗り超え、希望の時代の幕開けを告げてゆくことは不可能ではあるまい。そのために、いま求められていること――それは、個と個の間で開かれた対話を積み重ねながら、人間らしく生きることの条件について一人ひとりが粘り強く思考することではないか。その営みの糧となるものが、教養に外ならないと私たちは考える。歴史とは何か、よく生きるとはいかなることか、世界そして人間はどこへ向かうべきなのか――こうした根源的な問いとの格闘が、文化と知の厚みを作り出し、個人と社会を支える基盤としての教養となった。まさにそのような教養への道案内こそ、岩波新書が創刊以来、追求してきたことである。

岩波新書は、日中戦争下の一九三八年一一月に赤版として創刊された。創刊の辞は、道義の精神に則らない日本の行動を憂慮し、批判的精神と良心的行動の欠如を戒めつつ、現代人の現代的教養を刊行の目的とする、と謳っている。以後、青版、黄版、新赤版と装いを改めながら、合計二五〇〇点余りを世に問うてきた。そして、いままた新赤版が一〇〇〇点を迎えたのを機に、人間の理性と良心への信頼を再確認し、それに裏打ちされた文化を培っていく決意を込めて、新しい装丁のもとに再出発したいと思う。一冊一冊から吹き出す新風が一人でも多くの読者の許に届くこと、そして希望ある時代への想像力を豊かにかき立てることを切に願う。

（二〇〇六年四月）